U0052452

家有森林浴！樂齡園丁的

自然庭園實作提案

退休綠生活！超簡單庭園建造DIY＆基本作業參考書

BOUTIQUE-SHA◎編著

目次

六十歲之後，可以運用的時間越來越寬裕自由，希望享受庭園樂趣的人也變多了。您也是雖然很想試試看，但萬事起頭難，不知道該從何開始才好嗎？本書藉由大量照片詳細解說庭園建造DIY、植物照護管理等技巧，給想要著手打造庭園，享受拈花惹草樂趣的初學者作為參考。

Part 3 植栽維護管理技巧

Part 4 適合庭園栽種的植物圖鑑102種

本書閱讀說明

Part 1 享受繽紛花朵的庭園建造實例

建造庭園的目的與欣賞方式因人而異，打造出來的庭園風格也因此截然不同。本單元將介紹五個獨具風格的庭園建造實例。

Part 2 建造庭園的技巧

透過圖片解說花壇、通路小徑等打造庭園不可或缺的設施建造技巧。首先確認一下必要物品與作業流程吧！

※專欄中介紹的用品，可以透過網路商店或園藝用品賣場之類的商家購得。

Part 3 植栽維護管理技巧

介紹身為庭園主角的樹木、草花等植物特性與基本照護管理方法。其中，特別將樹木管理中至為重要的整枝修剪作業分成7個小單元，搭配照片與插畫進行詳盡的解說。

Part 4 適合庭園栽種的植物圖鑑102種

以樹木、草花來分類，介紹廣受歡迎又適合庭園栽種的植物。各植物相關資訊請參照以下刊載格式。

植物名：植物正式名稱或市面流通名等普遍採用的名稱。

類型：庭園植栽運用的重點參考，樹木分為「落葉」、「常綠」，再細分為「喬木」、「小喬木」、「灌木」、「蔓藤」。草花依「多年生草本」、「球根」、「二年生草本」、「一年生草本」分類；地被植物則是樹木與草花兩類皆有。

DATA

樹高・株高：樹高為樹木修剪後最適當的高度；株高則是草花成株的高度。

花期：日本關東以西的溫暖地域為基準的開花時期。

花色：包含園藝品種的花朵顏色。

用途：樹木獨有項目，最適合運用於庭園的用途。作為庭園中心象徵的樹木稱為「象徵樹」；增添綠意景色的樹木稱為「添景樹」，還可以修剪塑形成「綠籬（樹籬）」等。

野茉莉
[落葉小喬木]

DATA
樹高 2～3m
花期 5～6月
花色 白色、粉紅色
用途 添景樹

特徵 廣受喜愛的人氣庭木之一，低頭綻放著白色花朵。另有粉紅花朵的園藝品種。略微深綠的葉色，可使庭園景色顯得更有層次。

栽培 性喜陽光充足、排水良好、略微濕潤的環境。修剪適期為2～3月，由於不喜修剪，適度疏剪不良枝即可。

特徵：該植物的花色、特徵、用途等。

栽培：簡單扼要地介紹適合栽培的環境與修剪等維護管理方法。

Part 1 享受繽紛花朵的庭園建造實例

所謂的庭園，必須適當配置樹木、草花以及構造設備，
才能夠打造出整體協調的美麗庭園。
接下來將介紹五位六十歲之後才展開樂齡園藝生活，
並且親手完成庭園建造的實例。

古川邸

充分運用狹窄空間
以雜木襯托玫瑰的美麗庭園

以植栽構成漸層色彩
巧妙連結兩處庭園

造訪古川邸時，最先映入眼簾的，正是從停車場延伸至後方鋪設大谷石的開闊玫瑰庭園。而庭園入口通往玄關的路徑，則是位於起居室前，落葉樹與常綠樹協調配置的雜木庭園。

古川太太住進這座住宅已經三十多年。期間，庭園

到了秋天，庭園景色完全為之一變。以庭園入口處栽種的赤四手鵝耳櫪、地錦為首，落葉樹也轉為紅葉，描繪秋季特有的漸層色彩。

古川太太挑選的玫瑰，絕大多數是花色沉穩，開著粉紅色、白色花朵的品種，因此整座庭園充滿著優雅氛圍。

初夏是玫瑰的季節。庭園裡多是粉紅色與白色系等花色沉穩的玫瑰，庭園入口處則是種植了深紫紅的「Chianti」玫瑰，作為玫瑰花盛開時節的觀賞焦點。

陸續經過數次改造，直到十多年前才形成如今的風貌。

「所謂的家庭，正是有家有庭園，家人們共同生活的地方」因為父親的一席話，古川太太起心動念展開了庭園建造計畫。

心中想像著庭園栽種樹木之後，欣欣向榮生長的美麗景象，一邊挑選適合庭園生長環境，並且配合建築物色調的植物。與丈夫古川先生兩人經過多方的嘗試摸索之後，庭園建造計畫終於大功告成。

年過六十依然堅守著工作崗位的古川太太表示，雖然庭園的維護整理都是趁忙碌的工作空檔完成，卻也是生活中最寶貴的休閒時間，更是最美好的時光。「家與庭」，想必會照著古川太太心中規劃的形象實現。

DATA

竣工：2002年
庭園面積：約50/㎡
主要樹木：玫瑰、日本四照花、赤四手鵝耳櫪
主要草花：攀根、二歧銀蓮花

POINT

- 不見土壤的鋪面停車場，可以欣賞到美麗的盆栽玫瑰花。
- 停車場通往棚屋（工作小屋）的小徑，藉由鋪設大谷石營造縱深感。

春季至初夏期間的主庭園景色

停車場通往棚屋（工作小屋）的小徑，發揮巧思將大谷石鋪成曲線狀，營造出更加有層次的縱深感。

透過窗戶欣賞庭園美景

為了充分運用狹小空間，因此只有單斜面屋頂的棚屋。原本是儲藏室，現在則成為能夠坐享庭園美景，喝茶歇息的好地方。

曲線延伸鋪設的大谷石
讓狹小空間顯得更加寬廣

結合各種巧思運用草花，打造出明亮的棚屋（工作小屋）空間。灰色棚屋與大谷石將狹小空間完美轉變成縱深感十足的庭園。

適合雜木庭園的多年生宿根草

雜木下栽種著各式宿根草(多年生草本），聖誕玫瑰也是其中之一。不會太過搶眼，恰如其分地為雜木庭園營造寧靜氛圍。

棚屋前的庭園小徑

通往工作小屋的大谷石步道旁，還有一條快被左右兩側茂盛草花淹沒的沙礫小徑。

通往玄關的道路

通往玄關的道路兩旁，沿著建築物外圍栽種了日本四照花等多種樹木，樹下栽種著「Raubritter」玫瑰。初夏時，四照花的綠葉與粉紅色的「Raubritter」，形成美妙的色彩對比。

鮮豔奪目的紅之秋色

將庭園樹木結出的果實摘下來當作裝飾，營造季節感只需一小把就很吸睛。圖為莢蒾果實。

以壁掛花盆＆盆栽裝飾庭園

與鄰宅交界處的圍籬以壁掛花盆裝飾，停車場旁擺放玫瑰盆栽，方便調配色彩營造季節感。

秋季庭園全景

轉變為美麗紅葉的庭木葉片，在秋天的湛藍天空映照下顯得更加燦爛耀眼。成為與春季景色截然不同的庭園。

為季節增添色彩的庭木＆點綴庭園的玫瑰

玄關至起居室外圍一帶是雜木庭園。秋天來臨，落葉樹呈現楓紅景象，為秋季增添色彩，成為無花季節仍百看不厭的庭園。

增添庭園華麗感的主角——玫瑰

初夏，各式品種的玫瑰花競相綻放，是庭園最繽紛熱鬧的季節。

成為庭園焦點的深紅色玫瑰

庭園入口處栽種的鵝耳櫪與依偎生長的深紅色玫瑰，當Chianti玫瑰開花之時，為柔美氛圍的庭園增添矚目焦點。

起居室前的雜木庭園

圍繞起居室前方是栽種著雜木的庭園。夏季枝繁葉茂可以遮擋烈日，冬季樹葉落盡能夠充分引進陽光。絕對算不上寬敞的空間，但只要改變石磚的鋪設角度等，運用巧思就能營造出縱深感。

多肉植物組合盆栽

以各式各樣的容器取代花盆，栽種多肉植物，完成魅力十足的組合盆栽。精心挑選容器的組合盆栽，亦是庭園裡的擺飾。

季節感裝飾

閒置的花盆裡盛滿了庭園裡撿拾的松果，瞬間完成充滿季節感的裝飾小物。

點綴庭園的小雜貨

在各處妝點喜愛的雜貨小物，也是打造庭園的樂趣之一。

與大自然攜手共創「獨一無二的私人花園」

長島邸

親手栽培玫瑰&草花的喜悅

「擁有自己的庭園是在四十五歲以後，大約二十五年前。當時是希望打造一座望向窗外就能看見庭木，處處種植喜愛草花的庭園。」

長島家的住宅建於南向斜坡上，分別於建築物的南側與北側闢建庭園。

建築物落成之後，南側

斜坡上的主庭園，初夏時節以古典玫瑰為首的草花競相爭豔，迎接最繽紛燦爛的花期到來。

的前院闢建為以山毛櫸為主的雜木庭園。雜木下方搭配半日照也能健康生長的地被草花、灌木或蔓性植物，打造洋溢自然景觀之美的庭園。

北側的後院為陡峭斜坡，十年前才開始動手建造庭園，委託專業人員建造花壇與階梯，玫瑰與草花等植栽則是長島家親手栽種。這處庭園的主角是玫瑰，尤其是古典玫瑰「優雅內斂，能夠融入草花構成和諧的景色」這一點，特別深得長島家喜愛。依照喜好打造「獨一無二的私人花園」已經持續了十年，期間既有動手維護整理，也任憑植物自然生長。這就是長島家心目中最理想的庭園樣貌。

DATA
竣工：1995年
庭園面積：600/㎡
主要樹木：玫瑰、山毛櫸
主要草花：匍匐筋骨草（紫唇花）、玉簪、野草莓

POINT
- 南、北兩側分別以雜木與草花為主，打造不同氛圍的庭園。
- 栽種時挑選喜愛的植物，栽培後只留下健康生長的植株。

初夏，生長茂盛繽紛綻放的草花，
幾乎淹沒了庭園的小徑。

開滿玫瑰花與草花的斜坡，看起來就是一座美麗的花園。枕木與紅磚打造的階梯旁，橘色的玫瑰──英國玫瑰「Pat Austin」也開花了。

深秋，隨處可見成熟後
為庭園增添色彩的鮮紅玫瑰果。

草花盛放華美之庭
靜謐的雜木之庭

住家外側看來是靜謐沉穩的雜木庭園，裡面卻是多年生草本植物與玫瑰百花爭妍的華麗庭園。

俯瞰主庭園全貌

登上庭園最高處，就能夠居高臨下一覽主庭園與建築物，並且欣賞遠處一望無際的田園風光。

春季的草花

小徑兩旁的鬱金香與水仙花。迫不及待展露嬌顏的春花，迎接即將到來的燦爛庭園。

草花爭豔的美麗庭園

以多年生草本植物與玫瑰為主，幾乎淹沒斜坡小徑的茂盛草花，隨著季節的腳步陸續開花。

主庭園的初夏風光

各式花朵競相綻放的初夏主庭園景色。左前方的粉紅色玫瑰品種是「Prix P.J.Redoute」。背景是也能作為休閒用的工作小屋。

設置於前院的石缽

在綠意盎然的庭園裡設置人工造景物，打造觀賞焦點。

前庭秋景色

通往玄關的前庭小徑。隨著秋天來臨葉色轉變，帶來沉穩恬靜氛圍。

前庭初夏風情

屋前庭園也廣泛栽種草花，春季至初夏，花朵競相綻放，美不勝收。

道路所見的前庭風景

由於長島家位於斜坡上，因此從道路上必須抬頭才看得到前庭，即使是人身高度的低矮樹木，也能充分遮擋外來視線。

庭園裡大面積鋪設的大谷石，宛如應用於庭園植栽的作畫留白，不僅拓展平面空間感，還營造了立體空間的縱深感。

帶川邸

藉由大谷石「留白之美」展現典雅的庭園

融入家居景色的雜木庭園

帶川邸的大門，是令人聯想到長屋門（武家屋敷大門）風格的車庫兼置物倉庫，穿過入口處，左手邊就是寬廣的庭園。

構成庭園景致的四照花等叢生型雜木，則是委託專業人員栽種。

「入住之後，將近一年

庭園裡四散栽種著雜木，樹下種植各色草花覆蓋植株基部，隨著季節更迭展現出不同的風貌，宛如一座小小的雜木林。

雜木下栽種葉色、葉形不同的玫瑰與地被植物，可欣賞豐富的色彩變化。

的時間都未曾出現過打造庭園之類的念頭，後來因為實在太過枯燥單調，這才委託專人種了幾株雜木。」

帶川家建造庭園時，最重視是否融入周邊環境，目標是打造出不會過於人工化的自然風庭園。期望擁有能夠與周邊自然環境一起隨著季節變遷，展現不同風采的優雅庭園。此外，帶川家開始著手打造庭園時，兒子才在上國中。如今，兒子已經成為小學一年級與三歲孩童的父親了。

「最近，三歲的小孫子來到這裡時，就會跑過來一起澆水之類幫點小忙，還嚷嚷著：『想要一個我自己的小小噴水壺』……」

祖孫一起打造充滿歡笑的庭園。嶄新的庭園樂趣似乎正要展開了呢！

DATA

竣工：2002年
庭園面積：約90/㎡
主要樹木：四照花、赤四手鵝耳櫪、玫瑰
主要草花：玉簪、礬根

POINT

- 避免密集栽種草花，讓植物有充分生長的空間。
- 選擇與住家、庭園、周邊環境十分協調，簡單素雅的植栽。

建築東側的小道

小道兩旁種植各色草花，將視線引向深處。選擇白色、粉紅色、藍色等色澤穩重的植栽。前方盡頭則是借景的庭園外蒼翠樹木。

善用車庫牆面的小小雜木林

主要雜木為四照花。樹下種植黃色、粉紅色、白色等淺色品種的玫瑰花，再搭配栽種地被植物，營造立體感。

避免過度栽植
打造寬敞有餘的庭園

稍微減少植栽部分，讓上方留出空間。
藉此打造出寬敞舒適的庭園。

典雅中依然充滿色彩變化

發揮巧思栽種幾株不同花色的玫瑰，小雜木林就不會顯得太單調。粉紅色玫瑰為「Königin von Danemark」，黃色玫瑰為「Charity」。

彩飾季節的草花

庭園裡廣泛栽種的草花以白色為基調，挑選淡粉紅、藍色等，花色、花形都不會喧賓奪主的種類。

白玉草 (*Silene uniflora 'Druett's Variegated'*)

花形獨特，有著宛如小氣球的筒狀萼片。
春季至初夏像是溢出花壇似的盛開，適合
美化植株基部的草花。

有限的植栽區域

建築前方的庭園大範圍鋪設大谷石，只
留下少許栽種空間。如此規劃的寬敞庭
園，打造出既顯沉穩大方又充滿律動感
的空間。

多肉植物的組合盆栽

設置於玄關旁的多肉植物組合盆栽。盆栽底座使
用與鋪設庭園相同的大谷石，如同庭園風景的一
部分，自然而然融入其中。

宅邸外所見景色

長屋門風格的車庫兼倉庫，
兩側以英國玫瑰「Charity」迎接來訪客人。

雜木之下
以地植＆盆植為飾

西澤邸

運用低矮樹木
建構遮擋視線的隱私牆

西澤邸的庭園面向道路，並且低於住宅下方。因此形成來客必須稍微抬頭才能看到建築物的情況，不過，種植低矮樹木就足以構成遮擋視線的作用。於是運用高度有限的樹木打造內外都不會有壓迫感，充滿開放氛圍的庭園。

「地植植栽以聖誕玫瑰、風知草等素雅草花為主，心想若是能夠搭配該年度流行的草花就好了。於是廣泛使用盆栽盡情享受布置庭園的樂趣。地植草花挑選白色、藍色等花色耐看的種類，再視當下喜好，於適當的位置加入喜愛的濃豔花色盆栽，將庭園裝飾得更加繽紛多彩。」

數年前夫婦兩人屆齡退休，開始過著悠閒的生活，閒來無事就拈花惹草整理庭園。

最近才重新整修，擴建起居室前的原木露台。夫婦倆也會趁著整理庭園的空檔，在露台上共進午餐，享受美好的時光。

DATA

竣工：2005年
庭園面積：約100/㎡
主要樹木：山茱萸、熊四手鵝耳櫪、四照花
主要草花：聖誕玫瑰、風知草

POINT

- 以素雅草花為主，再將時下流行的草花以盆栽形式擺放，欣賞其美。
- 利用低矮樹木營造開放感。

地植草花以淺色品種居多。色彩鮮豔的深色花種則採盆栽方式放置，方便依喜好替換改動。

玄關通往大門口的道路，是微微往下延伸的小徑。路面是經過洗石子處理的水泥地，其間隨意散布著鋪設的平面鐵平石作為裝飾。

隨著季節，尋找轉為成熟色彩的果實亦是庭園樂趣之一。圖為成熟的藍莓果實。果實成熟時，野鳥也會飛到園子裡來覓食。

栽種雜木的庭園

善加利用建築物通往大門口地勢漸低的斜坡地，栽種落葉樹與常綠樹等樹木，即便建築物近處只栽種低矮的常綠樹，也能夠充分發揮遮擋外來視線的作用。

感受四季風情的雜木植栽

以襯托樹木的構造物與色澤沉穩的植物，打造賞心悅目的庭園。

花落之後的
日本天女木蘭

綻放優雅白色花朵的日本天女木蘭，花謝之後結果，成熟時，樹上會掛著紅通通的果實。

鐵平石疊花圃

庭園位於斜坡上，因此以鐵平石建造花圃圍牆，打造植栽空間。盛開的香雪球漫過疊砌的鐵平石宛如花瀑，妝點低處。

鐵線蓮
「Rouguchi」

擁有雅致氛圍的鐵線蓮，在初夏期間陸續開花，雖然只是雜木庭園的配角，低調卻不容忽視。

大門通往玄關的小徑

小徑途中轉向右方另設一步道，栽植雜木遮擋外來視線，避免從大門口一目瞭然的看見玄關。

花團錦簇的庭園春色

以雜木、淺色草花為主的典雅庭園，一到了春天，同樣花團錦簇美不勝收。新生的嫩綠葉片描繪出美麗的綠色漸層，呈現欣欣向榮的景象。

玄關前的緩衝地帶

玄關前的小徑上，設計了一處以紅磚為緣石的圓形空間，藉由佇足之際欣賞庭園美景。

夏末企盼望楓紅 伊呂波紅葉

秋季來臨就會呈現鮮紅色彩的伊呂波紅葉。深秋落葉之後，美麗的枝幹繼續承接裝飾庭園的重任。

鋪設大谷石的庭園。庭園與住宅之間保留適度空間，營造更加開闊的感覺。

安藤邸

植栽演繹季節更迭風情
成為街道一景的雜木庭園

與人共存的
庭園樹木＆草花

「與其整個庭園種滿樹木，不如只種在適當的位置。」安藤家秉持著這個理念，打造了將住家、庭木、街景融為一體的庭園。

安藤家開始打造這座庭園已經是二十多年前的事情。以多種雜木為庭木的作法在當時相當罕見，卻重現

初夏之庭。通往玄關的小徑鋪面並未刻意地排列整齊，營造出山林小徑的氛圍。

玫瑰盛開的季節。在白色玫瑰「Iceberg」與山毛櫸綠葉之間，深紫色的玫瑰花「紫玉」成為濃墨重彩的焦點。

了自然風景。庭園需要悉心維護管理才會井然有序，為此仔細地觀察植物便成了最重要的事。如今的安藤已年過六十，庭院裡的山毛櫸、四照花、鵝耳櫪（赤四手）、玉鈴花等植栽，經過二十多年悉心維護管理，已然成為一座小森林。

大谷石參差排列的通路鋪面，充滿山林小徑氛圍。安藤說：「白色的住家、灰色的大谷石與樹木的綠意相互輝映，景色素淨優雅，這就是我想打造的庭園。」大谷石不僅稱職地作為區隔植物與住家的界限，同時也抑制了雜草的生長，留下自然增長的草花。維護整理庭園時，只需要除點草、適度修剪太茂盛的草花即可。避免密集栽種植物，就能夠打造植物與人共存共榮的庭園。

DATA

竣工：1995年
庭園面積：約60/㎡
地　　點：日本長野縣上田市
主要樹木：山毛櫸、鵝耳櫪、玫瑰
主要草花：二歧銀蓮花、淫羊藿

POINT

- 以山毛櫸、鵝耳櫪等樹木為主的雜木庭園。
- 無植栽區域鋪設大谷石，明確劃分人與植物的界線。
- 老柿樹將庭園與住家連結為一體。

玫瑰的季節

春季開花的古典玫瑰「紫玉」。只在春季綻放的深紫色玫瑰，在一片綠意之間成為令人驚豔的存在。

秋季的玫瑰之樂

相較於春季開花的玫瑰，秋季玫瑰的花色更深濃。圖中玫瑰為「Iceberg」，雪白花朵綻放之後，花色越發飽和亮眼。

庭園架構之樹與彩飾季節的草花

草木萌芽，才披上鮮綠色彩衣，轉瞬間，花的季節已經進入尾聲。庭園裡各式花草樹木之綠，仔細看就會發現描繪著漂亮的綠色漸層。

盆植草花也樂趣無窮

通往玄關的小徑上，栽種的草花依季節為庭園增添色彩。挑選不會太搶眼，能夠完全融入庭園的草花。

春季新芽萌發

率先開花迎接春天到來的是杜鵑花，緊接著山毛櫸長出嫩葉。懷著雀躍的心情，期待庭園最繽紛熱鬧的季節到來。

綠意漸濃的初夏

將枝繁葉茂的綠植打造成宛如一片小森林。刻意控制花量的草花與古典玫瑰，共同創造出一幕以綠色為基調的美麗景致。

茂盛的綠樹＆秋天的腳步聲

廣植落葉樹的庭園，特色就是能夠欣賞紅葉。夏季綠蔭遮擋熾熱陽光，秋季落葉讓難得的冬日陽光照進屋內，增添幾許暖意。

引水入庭的大水缸

想要在庭園裡打造流水或水池實在工程浩大。於是擺放一個大水缸，將水引入庭園。隨風盪漾的水面，為庭園帶來新的要素。

從屋裡眺望庭園景色

從起居室眺望庭園，宛如森林的恬靜美景映入眼簾。鋪設的大谷石成為留白，營造出庭園寬敞有餘的認知。

填補景色的玻璃球

信箱附近只有植物，總覺得似乎有些空虛，於是堆放了幾顆玻璃浮球。結果玻璃浮球反而成了庭園的焦點。

Part 2 建造庭園的技巧

庭園建造DIY的根本，
就是腳踏實地累積完成一項項的作業。
樂齡之年才想自我挑戰，展開庭園建造計畫的你，
先從能夠輕鬆達成目標的部分開始進行吧！

整地的方法

整地之後
打造穩固的地基

若想在庭園鋪設紅磚等鋪面，就必須先進行整地作業。

生長著雜草的土地，要先清除雜草與垃圾，這時的雜草必須連根拔除。接下來要翻鏟土壤，將地裡的草根、石塊或小石頭清除乾淨。尤其是新屋落成的庭園，經常會發現建築工程中留下的砂石瓦礫，確實清除這些雜質正是此時的作業重點。

疊砌磚石的位置、雨水容易沖刷的區域等，這些地方都必須稍微挖深一點，並且確實作好打底的根基才安心。

建構地基需要先倒入碎石，再以粗重木材或稱為「夯土器」的工具夯打壓實，使碎石之間緊密不留空隙，完成穩固的基礎。

整地・基礎的作業方法

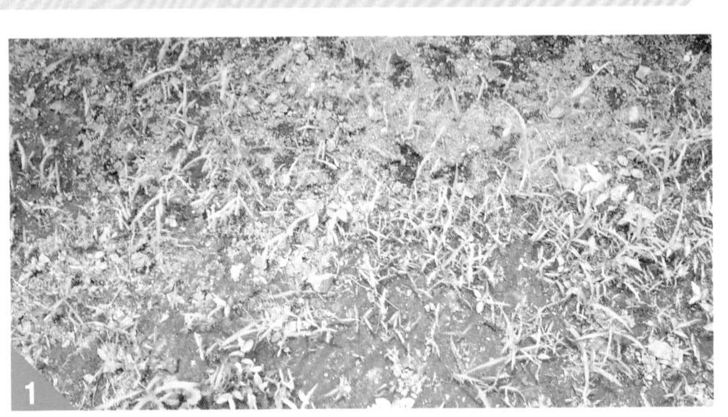
1 打造庭園之前要進行整地。首先，割除地面上的雜草。

2 接著使用鋤頭或除草耙進一步根除雜草與垃圾。

3 清除大部分雜草之後，澈底清除土壤中翻出的石塊以及殘留草根。

4 完成整地。

5 疊砌磚石的位置必須打地基。往下挖掘深約20cm的溝槽之後，倒入碎石。

6 以木材或夯土器夯打壓實，直到碎石緊密看不出明顯空隙即完成。

水平&垂直的測量方法

測量水平與垂直
對於建造庭園至關重要

進行鋪設或疊砌庭園用磚石的作業時，重點在於極力避免歪斜不平的後果。因此需要使用水平尺（水平儀）來精確地測量，是否維持在水平・垂直的狀態。

常見的水平尺類型多為氣泡式，也有數位電子型可供選擇。近來智慧型手機的應用程式也有測量水平・垂直的功能。

氣泡式水平儀裡安裝著水準管，管內裝著有色透明液體與氣泡，依據氣泡位置是否符合刻度正中央，即可測出是否為水平・垂直狀態。

建造通路小徑等大範圍測定水平時，為了作為參考基準，仍需對齊水平，設置水平基準線（水線）時請避免傾斜拉設。亦可使用木板取代。

水平尺的用法

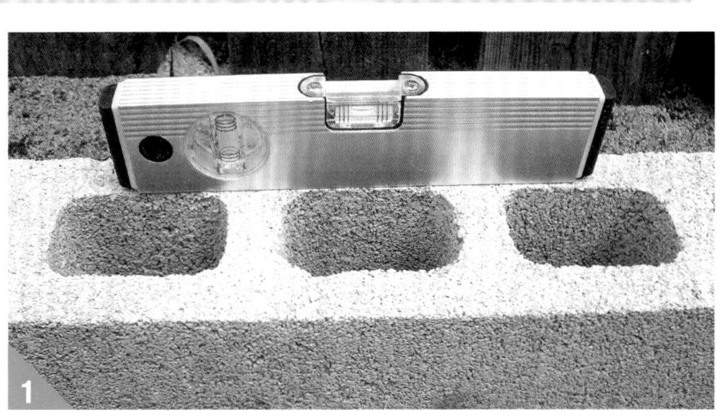
1
將水平尺放在預定設置的資材上。

2
以鐵鎚等輕敲資材，調整水平，直到氣泡移動至刻度正中央為止。

3
氣泡停在水準管中央，表示設置的資材已經呈水平狀態。

4
以相同方法測量垂直狀態，確認氣泡的位置。

5
疊砌紅磚、石塊之時，藉由拉設水平線來標示＆測量大範圍水平。

6
確認水平線是否呈現水平狀態。

水泥砂漿的調配方法

以水泥1
砂3的比例調配

學會水泥砂漿的調配方法之後，就能廣泛運用於疊砌磚石等庭園建造作業中。

水泥砂漿是由水泥1份加上砂3份，以及適量清水調配而成。如此完成的水泥砂漿稱為粗胚，是結合建材時不可或缺的黏著劑，使用於不太需要強度的部分。

最常用於疊砌紅磚與石塊的填縫（銜接面）作業。至於需要強度的圍籬基礎、停車場地坪鋪面等則是使用混凝土。

此外，鋪設紅磚還有一種只混合水泥與砂，但不加水的工法。這種工法是在紅磚鋪設好之後，再灑水使其吸收進而固化。

水泥砂漿的調配方法

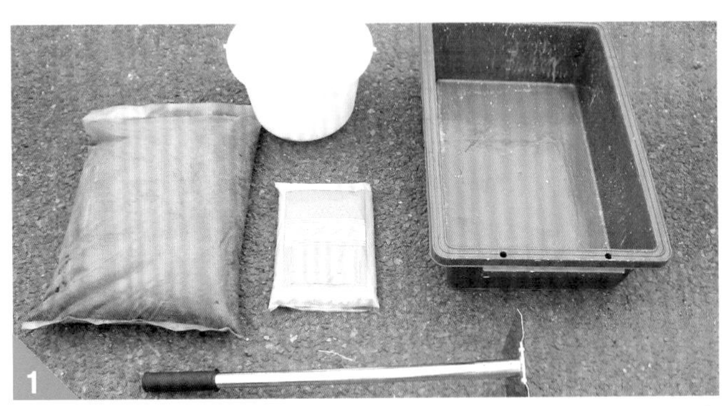

調配水泥砂漿的基本材料。砂、水泥、清水、混合容器、小鋤頭（或鐵鍬）、手套（水泥為強鹼物質會傷手）。

將水泥倒在砂上，比例是砂3：水泥1。

以小鋤頭充分攪拌混合砂與水泥。

以少量多次的方式加水（約水泥的4到6成），一邊觀察調配狀態一邊攪拌。

充分攪拌直到形成稍硬的霜淇淋狀。仍然太硬時繼續適量加水(最多為水泥的8成）。

完成水泥砂漿。由於乾燥後就會凝固，拌和後需立即使用。

混凝土的調配方法

混凝土就是
水泥砂漿再加上沙礫

需要強度的部分就需要使用混凝土。

混凝土為灌模施工，作業流程首先是以木板圍起混凝土的灌注範圍，完成模型之後再灌注混凝土，待其乾燥硬固後再拆除周圍的木板。

停車場之類大範圍灌注混凝土的場所，硬固後可能會出現龜裂現象。為了避免出現龜裂現象，完成廣域模型後，不妨隔成小區塊分別灌注混凝土。只要在區塊之間的縫隙栽種植物加以美化，看起來反而會更加美觀。

混凝土與水泥砂漿的材料大致相同，調配比例為砂3份，水泥1份，再加上5至6成的沙礫碎石、適量的水，混拌均勻即完成。

混凝土的調配方法

與調配水泥砂漿相同，以砂3、水泥1的比例混成水泥砂。

在拌好的水泥砂裡加入砂與碎石，比例為整體的5至6成。

充分地混合水泥砂與碎石。

以少量多次的方式加水，一邊觀察調配狀態一邊攪拌。

確實混拌均勻，過於乾硬時加水。水量請參照水泥外袋上記載。

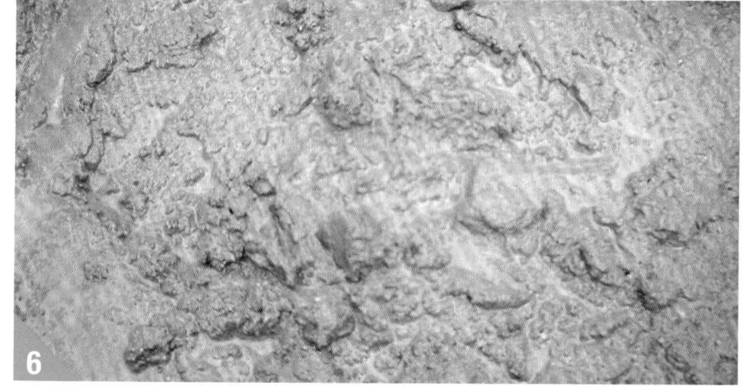

完成混凝土。

紅磚花壇

先從低矮的花壇圍牆開始，學會疊砌紅磚的基本技巧吧！

紅磚花壇牆體無須砌得過高

紅磚擁有氛圍樸實自然的外觀，是庭園建造最具代表性的素材。紅磚不僅可以鋪設地面，亦能疊砌成各式設施，堪稱打造庭園的基本建材。

市面上很容易就能取得規格一致，方便疊砌的紅磚，因此能夠確實地砌築成各種庭園設施。紅磚種類其實非常多，不但有不同厚度與大小，還有多孔磚、花格磚、花窗磚等。通常是批量購買相同形狀，或大小規格一致的紅磚來使用。

建造花壇多半是為了明確區隔栽植範圍、防止土壤流失等目的，因此花壇牆體不需要疊砌得太高，大約兩至三層紅磚厚度的花壇，就足以充分發揮作用。

在斜坡上建造花壇時，最下方底部的土壤容易因為雨水匯集沖刷而流失，以碎石層構築出穩固的地基即可避免。

必要物品

- 紅磚
- 水泥砂漿
- 粗木或夯土器
- 桃形鏝刀
- 水泥鑿刀
- 毛刷
- 碎石
- 圓鍬
- 水平尺
- 鐵鎚
- 薄木板
- 金屬棒（木棒）

作業流程

❶挖掘溝槽
▼
❷打造基礎
▼
❸疊砌紅磚
▼
❹調整磚縫

紅磚砌法

為了讓紅磚更容易黏著水泥砂漿，因此先將磚塊放入容器裡，注水浸泡。使用前再取出紅磚，大致瀝乾水分即可。

這次建造的花壇位於斜坡與平面兩通道的交匯處。

在預定疊砌紅磚的位置，往下挖掘約20cm深，寬度略大於磚塊短邊的溝槽。

將碎石倒入溝槽直到半滿，約10cm高的量。

以粗重木材等夯實碎石，完成花壇磚牆地基。

為了讓水泥砂漿（→P.30）與地基碎石更好黏著，先朝著溝槽灑水。

以砂3：水泥1的比例混合水泥砂，再加水攪拌成水泥砂漿。

將2～3塊紅磚長的水泥砂漿鏟入溝槽、抹開，將邊端的紅磚放在水泥砂漿上。

在第二塊紅磚的短邊，抹上有如山狀的水泥砂漿。

在第一塊紅磚旁放上第二塊磚。

以相同作法依序鋪排紅磚，一邊測量水平（→P.29）。

未呈水平狀態時，以橡膠槌或鐵鎚柄等輕敲，調整水平。

以相同作法鋪排紅磚，完成第一層。磚牆砌築完成後會整理磚縫，因此不必在意磚塊間溢出的水泥砂漿。

若最後一塊紅磚長度超出範圍，如圖示以水泥鑿刀切除多餘部分即可。

切成適當大小的磚塊，同樣在短邊抹上水泥砂漿砌上。

疊砌第二層紅磚。為了避免水泥砂漿溢出，利用薄木板為導板，沿導板均勻抹開水泥砂漿。

疊放第一塊紅磚時，要將中央對齊第一段兩磚之間的磚縫（二丁掛）。

同第一層作法，在磚塊短邊抹上水泥砂漿，依序疊砌第二層紅磚。

以相同方法疊砌第二層紅磚至最後。

完成第二層。由於花壇一側為斜坡，因此第二層的右側看起來只有一層。

鋪好磚塊後確認水平，必要時進行調整。

以相同方法疊砌第三層的紅磚，均勻抹上水泥砂漿後鋪排紅磚。

最後調整水平。

24 砌好所有磚塊之後，在花壇磚牆內側塗抹水泥砂漿，進一步補強。

25 之後再將掘出的土壤填回空隙。

26 以水泥砂漿填滿磚縫，溢出的水泥砂漿則加以刮除。

27 最後以毛刷沾水，刷掉附著在磚塊表面的水泥砂漿。

COLUMN

輕鬆完成磚造風的組合式花壇磚

若是覺得砌磚太麻煩，在此推薦使用組合式的花壇磚。藉由塑形成牆體和轉角的組件，輕輕鬆鬆完成花壇。

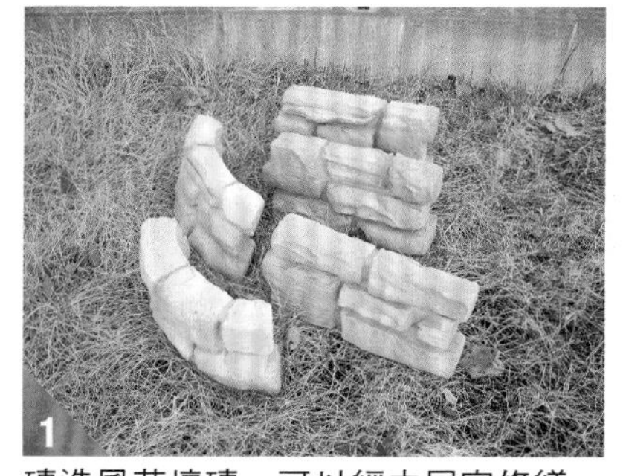

1 磚造風花壇磚。可以經由居家修繕、園藝用品賣場或網路取得。

2 預定設置處進行整地之後，組合確認效果。

3 移開花壇磚，挖掘設置花壇磚的溝槽。

4 花壇磚配合卡榫組合固定，確實壓入土裡即完成。

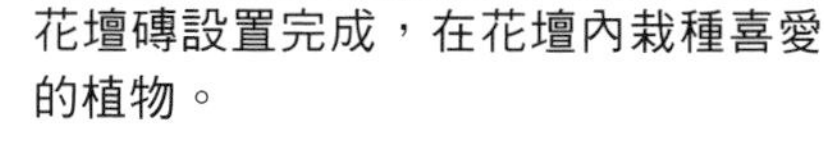

5 花壇磚設置完成，在花壇內栽種喜愛的植物。

石砌花壇

應用砌磚技巧，疊砌形狀大小不一的石材。

重點在於以小石塊填補大石塊之間的空隙

打造出足以支撐石材重量而不下沉的堅實基礎，石材則是以水泥砂漿固定。

紅磚砌法也能應用於疊砌形狀大小不一的平面石材。這回示範使用的是，稱為鐵平石的板狀石塊。

石塊大小與形狀各不相同，因此要活用其特徵，以不規整的狀態來疊砌。如此一來，就能夠完成比井然有序的紅磚牆更加自然，適合雜木庭園或和風庭園的花壇。

作業重點是疊砌過程中必須頻繁地測量水平，以及讓疊砌石塊大小錯落。訣竅是先疊砌大石塊，再以小石塊填補空隙。若抱持著太過謹慎小心的態度作業，反而容易落入疊砌得太過工整不自然的情況。請放鬆心情，先將一眼就看中的石塊擺放上去即可！

需要砌築出高度時，必須

必要物品

- 混凝土
- 水泥砂漿
- 鐵鎚
- 水平線
- 樁柱
- 鐵平石
- 桃形鏝刀
- 水平尺
- 木板
- 毛刷

作業流程

1. 打造基礎
2. 疊砌石材
3. 調整幅寬
4. 確認水平
5. 調整石縫

石材砌法

1 首先，以混凝土（→P.31）打造基礎。在施工的三至七天前，就要在預定疊砌石塊的位置，進行挖溝漕、倒入碎石夯實，建模型灌注混凝土等作業。

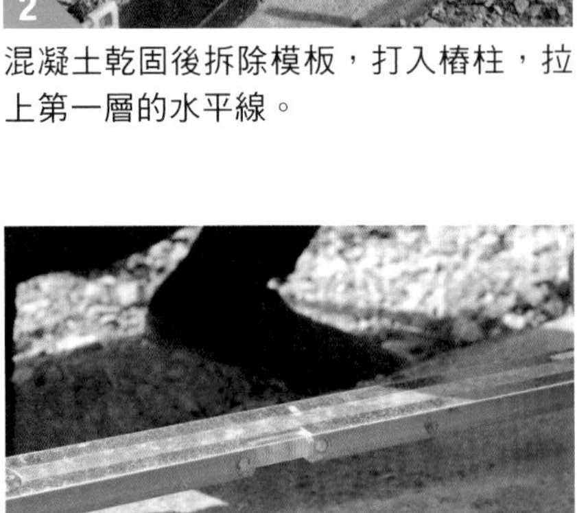

2 混凝土乾固後拆除模板，打入樁柱，拉上第一層的水平線。

3 使用水平尺（→P.29），調整水平線至水平狀態。

4 試放石塊，為了呈現大小錯落狀，石塊之間需要調整方向以便彼此配合。此時取下水平線也無妨。

5 確定位置之後，將水泥砂漿（→P.30）抹在疊砌石塊的位置。

放上石塊後以鐵鎚輕敲，調整成水平狀態。

接著放上一塊大小完全不同的石塊。

確認水平，高度不合時，在底下墊一片小石板。

移開大石塊，將水泥砂漿抹在大石塊的預定位置，並且放上填補空隙的小石板。

小石板上也抹上水泥砂漿。

放上大石塊，輕敲調整水平。

以相同方法依序鋪排石板。

第一層鋪排得差不多後，以相同方法疊砌第二層。

花壇內側與相鄰石塊的空隙過大時，以水泥砂漿填補。

在正面對齊第一層，側邊對齊第二層相鄰石塊的位置，放上水泥砂漿。

疊砌石塊，調整水平。

若石板深度大於第一段的石頭，在後方的水泥砂漿外側塞入小石塊作為支撐。

以相同方法疊砌石塊，沒有適合填補空隙的小石塊時，以鐵鎚敲碎調整大小來使用。

小石塊的位置確定後，將水泥砂漿塗抹至花壇內側，以便確實固定上方的石塊。

再次塗抹水泥砂漿後疊上大石塊。配合花壇的曲線，微調石塊的圓弧位置。

輕敲石塊，將傾斜調整成水平狀態。

以水泥砂漿填補不足的空隙部分。

由於石材厚度不同，可能會出現一塊石板旁邊卻要疊砌兩塊的情形。

重複疊砌石塊與調整寬度的步驟。

局部疊砌至期望高度後，再度拉上水平線，確認水平。

若發現有高度不足的部分，改換一塊高度適當的石塊即可。

以鏝刀或沾水的毛刷，清除多餘的水泥砂漿。

最後，在花壇石牆內側塗抹水泥砂漿，約略抹平。

確認髒污皆已清除乾淨。

花壇內填入土壤，栽種植物即完成。

COLUMN

以積木花台磚打造花壇

使用將大小磚塊隨意組合成一體的積木花台磚，即可完成自然風情濃厚的花壇。

首先暫放組好的積木花台磚，確認位置。

移開積木磚，整地（→P.28）之後以不加水的水泥砂為基礎。

排放積木磚並用力下壓。

塗抹接著劑，疊砌第二層積木磚。

填入土壤，栽種花卉植物即完成。

磚造小徑

最具代表性的通路步道，以磚石改變庭園風情。

配合庭園形象 決定磚石種類與砌法

步道小徑是從宅邸門口通往住家玄關的動線，以庭園而言，是堪稱門面的重要存在。

鋪設小徑目的是避免雨天地面泥濘與抑制雜草生長。而磚造小徑則是目前最受歡迎、最具代表性的庭園設施。

最常見的磚石砌法（排列方式）是磚縫交互錯開半個磚長的順砌法，除此之外，還有各式各樣的砌磚形式。

磚石種類包括國產、進口、古舊老磚等，質地、風情各不相同。鋪設步道磚石時，請依照心中規劃的藍圖，挑選符合庭園形象的磚石種類與砌磚形式。

鋪設磚石的訣竅是，確實夯實碎石層，打造穩固的地基。若未打地基就直接在地面鋪上磚石，就會出現日漸下沉的狀況。

必要物品

- 步道磚
- 水泥砂漿
- 水分較少的水泥砂漿
- 碎石
- 水平線
- 木板
- 樁柱
- 水平尺
- 鐵鎚（或橡膠鎚）
- 夯土器（或粗重原木）
- 毛刷

作業流程

❶整頓鋪裝路面
▼
❷鋪設緣石
▼
❸鋪設步道磚石
▼
❹灑水

步道磚石鋪設形式

磚石的鋪設方式並無特別規定，請配合空間仔細思考鋪設形式即可。即便是最普遍採用的順砌法，也可能因為鋪設方向不同而呈現不一樣的風貌。這裡介紹的都是最具代表性的步道磚石鋪設形式，請挑選自己喜愛的款式吧！

大小棋盤貼

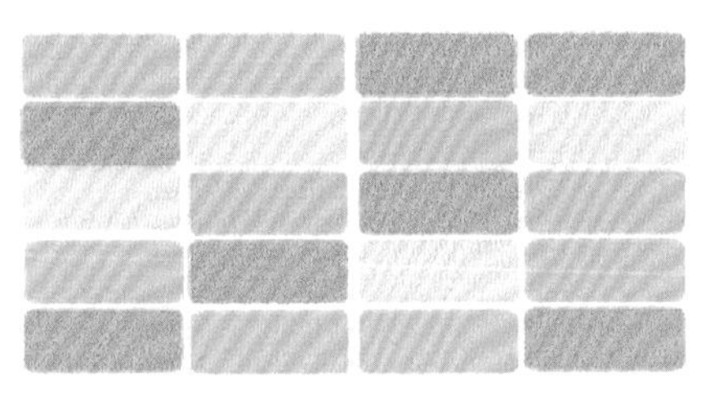
平貼法

提籃編織貼

半交丁編織貼（Half Basket Weave）

順砌法

人字貼

1/2編織平貼（Half＆Basket）

磚石鋪設方法

1 考量地基與磚塊的高度，在鋪設範圍內等間隔打入樁柱、架設水平線，在樁柱上作記號。

2 挖掘約10cm深的溝槽，倒入碎石，以粗木或夯土器夯實碎石層，製作穩固的基礎。

3 大門入口附近預定鋪成圓形，因此於中央打入樁柱，固定一根細長木板。

4 首先沿著外側試排紅磚。這回使用不規則狀的磚塊，因此由外側的紅磚緣石開始排列。

5 由角落開始鋪設紅磚。舀入適量水泥砂漿（→P.30）。

6 擺放磚塊，調整高度至樁柱記號處。接著以鐵鎚柄等敲打，調整水平。

7 以邊角磚石定下基準後，依序鋪設。利用細長木板確認踏面高度是否一致，分別調整水平。

8 外側緣石鋪設完畢之後，在內側全面灑水，預備填入水泥砂漿。

9 填入水分較少的水泥砂漿，以木板推開，使水泥砂漿均勻分布。

由邊端開始，將磚石依序排放在水泥砂漿上。

利用細長木板確認內、外紅磚是否等高，如不平整則以鐵鎚柄敲打調整。

本次使用的紅磚大小不一，因此並未鋪設成規則圖案。

排放至一定範圍後，將水分較少的水泥砂漿填入磚石之間。

利用木板撥開磚石上的水泥砂漿，填入縫隙。

利用木板或鐵撬等工具，將填入縫隙的水泥砂漿確實壓緊。

以毛刷或掃把刷去磚石上多餘的水泥砂漿。

大量灑水讓水泥砂漿吸收水分。如此水泥砂漿就會在乾固過程中產生黏著力。

因吸水下沉而出現縫隙時，再次填入水泥砂漿，壓實後灑水。

19 最後鋪設圓形部分，以細長木板為半徑，畫圓似的沿著外緣排放紅磚後，以水泥砂漿固定。

20 將水分較少的水泥砂漿填入圈內，一一鋪設內側紅磚。

21 以水分較少的水泥砂漿填補磚縫，並且用木板等工具壓實。

22 充分灑水促使水泥砂漿固結。水泥砂漿沉入縫隙時，追加填滿。

23 完成。以紅磚營造出別具特色的小徑。

COLUMN

以天然細石澆置鋪面

若是將天然石材混合接著劑，作為鋪裝用的資材，就能作出洋溢自然風情的步道。還兼具防止雜草生長的功能喔！

1 將天然石材倒入容器裡。

2 接著加入接著劑。

3 以鏝刀等工具混拌均勻。

4 以鏝刀均勻抹平天然細石踏面。

5 完成。確實作好防護措施，避免動物等誤入，直到完全乾固為止。

架設圍籬

決定基礎，設立穩固的立柱，就能夠廣泛地運用。

圍籬的構造就是基礎．立柱．橫桿．柵板

圍籬具有作為庭園的邊界或分隔線、宅邸界限、保護隱私等，畫分區域的作用。

使用居家修繕中心與園藝用品賣場就能買到的2×4角材等材料，更容易計算尺寸，架設圍籬也更便利。部分賣場還會提供裁切加工、工具租借，甚至可以委託架設施工等服務。其次，也可以選用已經裁切好的圍籬用半成品等資材，讓組裝更節省工時。

架設圍籬通常都會使用到木材，木料組合前必須先刷塗具有良好防潑水、防腐效果的塗料，確實作好保護措施。

圍籬的構造基本上是由基礎、立柱、橫桿、柵板（構成柵欄的板材）四個部分組成。其中，只要基礎紮實牢牢穩定立柱，甚至可以改造成格柵等更廣泛的運用方式。

此外，以正反面交錯的方法安裝柵板，即可完成無論從庭園裡、外看去都毫無差異的圍籬。

必要物品

●木料（4×4角材、2×4角材、1×4角材、椿柱等）●塗料●毛刷●鋸子●鐵鎚●鋼筋●量尺●基礎（混凝土礎石亦可）●水泥砂漿●電動衝擊起子●螺絲●水平線●水平尺●圓鍬●夯土器（或粗原木）

作業流程

❶塗裝木材
▼
❷打造基礎
▼
❸架設立柱
▼
❹固定橫桿
▼
❺設置柵板

圍籬實例

具有高度的圍籬
以不會太搶眼的灰色塗裝避免產生壓迫感。格柵孔隙較小，可以確實保護隱私（上圖）。圍籬下方地面栽種植物，營造與庭園融為一體的氛圍。

畫分邊界的圍籬
下方並排著高高低低的原木，上方則是不規則配置柵板的圍籬。可以一覽庭園，但也確實畫分出邊界。

格柵運用
安裝格柵的圍籬，適合引導蔓性玫瑰等蔓藤植物攀爬。需確實完成塗裝，提升耐用度。

圍籬架設方法

在立柱頂端鑽孔，打入鋼筋。

將水泥砂漿（→P.30）填入基礎。

此時為了避免讓立柱直接接觸基礎，需要墊上木塊。使用束石（支撐立柱的基礎）的情況，則需要額外填滿縫隙用的水泥砂漿。

以電動衝擊起子固定立柱與橫桿，連結上、下二根橫桿。

為了在水泥砂漿乾固之前固定立柱，打入協助支撐的樁柱。在距離立柱不遠之處設置樁柱。

一邊看著水平尺（→P.29），一邊在立柱上比較不顯眼的位置釘上木板，連結樁柱。

圍籬邊端的第一根立柱，以兩根樁柱連結支撐。

另一端的立柱也以相同作法釘上木板，確實連結樁柱。

以相同作法依序架設立柱，再以橫桿連接。

連結所有立柱與橫桿之後，以水平尺測量是否呈一直線。

裁切薄木板，作為測量柵板設置距離用的導板。準備立柱與柵板之間的短導板（上圖），以及柵板之間的長導板（下圖）。如同設置立柱的作法，在柵板下端墊上相同高度的木塊，避免直接接觸基礎。

以短導板確定立柱與柵板間的距離，利用螺絲釘將第一塊柵板固定在橫桿上，先固定上方兩處。

繼續固定下方，同樣以螺絲釘鎖緊兩處。

接著以長導板測量柵板間的距離，以螺絲釘固定上方兩處。

下方也以螺絲釘固定兩處。

依序固定至最後一塊柵板，接著裝設內側柵板。交錯固定內、外側柵板，完成無論裡外，看起來都整齊美觀的圍籬。

長導板一端緊靠立柱，測出固定內側第一塊柵板的距離。

以螺絲釘固定上方兩處。

下方同樣以螺絲釘固定。以相同步驟一一固定柵板。

完成圍籬。

固定好最後一塊柵板之後，移除墊在柵板下方的木塊。

墊在立柱下端的木塊，在固定柵板的三至七天後移除。

COLUMN

豎立枕木設置宅邸門牌

鐵路用的枕木經過防水處理，淋到雨水也不會受損，是最具代表性的庭園建造素材。近年市面上也能買到仿造枕木的輕質木料。

配合枕木設置高度，挖掘立柱用坑。

並排豎立兩根枕木時，以ㄇ形釘連結固定，調整水平。

填入碎石，夯實後，加入水泥砂漿固定。

安裝金屬製之類的姓氏門牌即完成。

磚造立式水栓

改造庭園的立式水栓，製造視覺焦點。

以紅磚包覆既有的立式水栓

只要運用砌磚技巧，就能夠打造庭園常見的立式水栓。

乍看之下似乎有難度，事實上只需要將既有的立式水栓以紅磚疊砌包覆，就能夠簡單完成。

水槽部分可以直接購入中意的款式安裝，亦可使用紅磚與水泥砂漿親手製作完成。

以沉重的紅磚砌築具有一定高度的設施時，必須使用混凝土打造地基，確保穩固的基礎。以多孔磚等比較輕的磚塊砌築設施時，只以水泥砂漿打底也無妨。但無論採用哪種方式都必須仔細確認水平。

立式水栓會因為使用的紅磚質感擁有不同氛圍，請配合住家與庭園風格，挑選適用紅磚。水龍頭的種類也豐富多樣，挑選與紅磚相得益彰的款式吧！

必要物品

- 紅磚
- 混凝土
- 水泥鑿刀
- 毛刷
- 木板
- 止洩帶
- 碎石
- 水泥砂漿
- 鐵鎚
- 桃形鏝刀
- 水平尺
- 延長接頭
- 水龍頭

作業流程

1. 整地、打造地基
▼
2. 疊砌紅磚
▼
3. 安裝水龍頭
▼
4. 砌築水槽

立式水栓的設置方法

1 首先完成立式水栓位置的整地作業，挖地後倒入碎石。

2 將碎石均勻鋪平。

3 以木板或鐵鎚夯實碎石。

4 紅磚預先泡水，使用前微微瀝乾水分即可。

5 調配穩固基礎的混凝土（→P.31）。

6 在地基的碎石層上加上混凝土。

7

一邊確認水平（→P.29）一邊抹平混凝土。

8

首先將第一塊紅磚置於立式水栓的正前方。

9

與第一塊紅磚接觸的磚面抹上水泥砂漿（→P.30）。

10

抹上水泥砂漿的部分緊貼第一塊，砌上第二塊紅磚。

11

接下來的空間只需要半塊紅磚，因此以水泥鑿刀切磚。

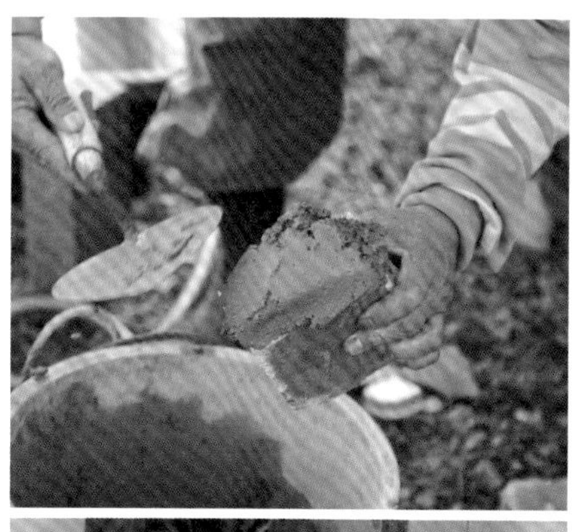
12

接觸面抹上水泥砂漿，磚塊緊貼第一塊鋪排。

Point
13

分別以鐵鎚柄輕敲磚塊，調整水平。

Point
14

接下來疊砌時，都是以磚縫與下層錯開的方式排放紅磚。以木板作為磚縫高度的導板，抹上水泥砂漿。

15

一邊調整垂直狀態，一邊往上疊砌紅磚。

16

接著疊砌切成半塊的紅磚。

另一側的紅磚也在接觸面抹上水泥砂漿。

砌上紅磚。同先前的作法，調整磚縫間隙。

測量水平，以鐵鎚柄輕敲紅磚微調。

砌至水龍頭附近時，先拆卸水龍頭。這時請先關閉水源總開關。

水龍頭與延長接頭組裝，確認長度。

在延長接頭的螺紋上纏繞止洩帶。

將延長接頭鎖入立式水栓。

確認延長接頭安裝後的長度。

安裝水龍頭的接頭端螺紋也纏繞止洩帶。

26

以水泥鑿刀切出適當的磚塊大小，疊砌龍頭水管處部分的紅磚，再以水泥砂漿填滿縫隙。

27

紅磚部分疊砌完成後，刮除溢出的水泥砂漿。

28

以溼毛刷確實清理乾淨。

29

將紅磚砌成圓形，完成水槽部分，以水泥砂漿填滿磚縫。

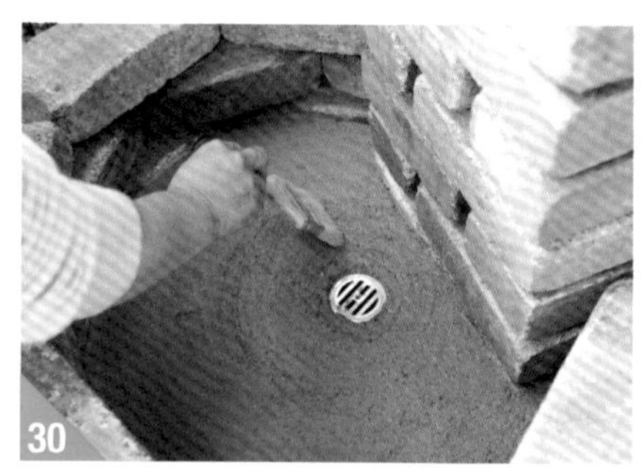
30

將水泥砂漿填入水槽內，並且作成有如研磨缽的狀態，以毛刷進行最後修飾。

31

安裝水龍頭，清除多餘的水泥砂漿，紅磚造立式水栓大功告成！

COLUMN

以天然石材修飾水槽內側

水槽內側以天然石材鋪面，進一步營造更加自然的風情。等待天然石材完全乾燥後，再開始使用吧！

1

先倒入石材，再加入接著劑。

2

將石材與接著劑確實攪拌均勻。

3

將混合好的石材倒入水槽鋪平。

4

以鏝刀推平壓實，記得要露出排水口。

5

立式水栓完成！

栽種樹木

作為庭園景觀主角的樹木，必須考量成長後的大小。

配合樹木特性挑選適合種植的場所

樹木是打造庭園架構的重大要素，庭園形象會因為種植的樹種而大不相同。規劃時請依照用途、形態挑選樹木。庭園裡作為中心存在的樹木稱為「象徵樹」，通常採用植株較為高大的樹種。造景用的樹木稱為「添景樹」，可使庭園景色更加安定，其他還有綠籬之類的形式。

栽種樹木時，與其在意購買時的大小，更重要的是考量樹木成長後的規模。譬如栽種時挑選了植株高大，茂盛生長的樹種，種下樹苗後覺得太空曠，於是又在附近補種一株。結果日後兩株樹木都生長過盛，反而破壞了庭園景觀。此外，栽種時還必須考量樹木的朝向，將枝葉最美麗的一面，調整至你想要眺望庭園的觀賞方向。

樹木必須根據枝態、葉形、發芽難易度等，再加上樹木的特性，選擇使用於庭園何處。詳細情形請參照P. 80之後的介紹頁面，挑選適合種植的樹種。

必要物品

- 樹木
- 有機肥
- 鐵鎚
- 樹幹保護材
- 圓鍬
- 支柱
- 鐵撬
- 繩子

作業流程

1. 決定栽種場所
2. 挖掘栽植穴
3. 栽種樹木
4. 澆水
5. 架設支柱

樹木栽種流程

1 先確認樹木的根球大小。

2 在定植位置挖掘約根球兩倍大的栽植穴。

3 挖出的土壤清除小石塊等雜物後，回填一半。

4 加入有機肥，份量約回填土壤的1/3。

5 充分混合土壤與有機肥。

6 將樹木放入植穴。調整土壤量，使根球上緣與地面一樣高。

樹木定植後，沿著根球周圍的地面挖築溝槽，作出集水坑。

充分澆水。

以鐵撬或木棒適度戳動根部周圍的土壤，消除空隙。

架設支柱固定樹木，直到根系確實將植株固著於地面為止。將支柱貼近樹木，牢牢打入地下固定。

在綑綁處的樹幹上，包覆透氣柔軟的保護材（麻布或不織布等）。

以布繩或麻繩綁紮，確實固定支柱與樹幹。待一年左右根系生長穩固後再拆除支柱。

以木板等物推平土壤。

完成。春天就會長出綠葉。

栽種草花

若想以草花裝飾庭園，就要從選苗開始。

栽種草花的三大重點：
健康幼苗、栽種時期、
適合植物特性的生長場所

相較於樹木，栽種草花的作業並沒有那麼困難。無論是哪種草花，栽種的方式幾乎都一樣。首先決定種植場所，避免破壞幼苗根球，連同土壤一起脫袋取出，挖掘根部大小的栽植穴，定植後充分澆水。

挑選健康幼苗、遵守恰當的種植時期、與其他植物保持適當的距離、慎選植栽生長環境，如此一來，草花就會健康茁壯地生長。

健康幼苗的選購要點為莖部粗壯、葉間距要小、葉片厚實深綠，這些特徵都是健康幼苗的證明。

恰當的栽種時節幾乎與幼苗大量上市的時期相同，在園藝用品賣場購買時，可進一步洽詢賣場人員。

如同栽種樹木的事前調查功課，必須預先了解草花成株後的大小，才能規劃與其他植物保持適當距離的庭園藍圖。配合植物習性，明白植栽場所的日照情況也很重要。

必要物品

- 草花幼苗
- 噴水壺
- 移植鏝
- 水

作業流程

1. 決定栽種場所
▼
2. 挖掘栽植穴
▼
3. 栽種幼苗
▼
4. 覆土輕壓
▼
5. 澆水

草花的栽種流程

1 配合草花生長習性，挑選適合栽種的場所，暫放幼苗。

2 挖掘等同根球大小的栽植穴。

3 避免破壞根球，小心取出幼苗。

4 直接放入栽植穴。

5 稍微覆土後，輕輕按壓根球表面的土壤。

6 充分澆水即完成。

Part 3 植栽維護管理技巧

構成庭園的主角既然是植物，
那麼只要掌握植栽的維護管理要點，
即使耳順之年才開始打造庭園，其實也不是很困難。
配合庭園的規模，確實完成維護管理作業吧！

樹木的特性

打造庭園之前，不妨先深入了解樹木。

自然樹木與庭園樹木的差別

木本植物依植株高度可約略分成喬木、小喬木、灌木。庭園樹木通常會經由整枝修剪抑制樹高，喬木控制在4m以下、小喬木1至3m、灌木1m以下，方便維護管理。

庭園是人們為了打造出適合生活的場所，因此諸如日式庭園、英式庭園的設計都廣泛納入自然要素。樹木若未經過人工的悉心維護管理，就會恣意生長成過於高大，無法稱為庭木的大樹。挑選庭木時，事先了解該樹木的高度與特徵，再根據植物習性來擬定適合的栽培方式吧！

樹木可依葉形區分為闊葉樹與針葉樹。闊葉樹又細分成冬季落葉的落葉樹，與一年四季皆茂盛的常綠樹。

針葉樹有細長的針狀葉，也有柏科的鱗狀葉，闊葉樹的葉片正如其名，為平面片狀。無論針葉或闊葉，都有落葉樹與常綠樹的種類，請考量整體景觀的平衡進行栽種。常綠樹可為冬季庭園增添綠意，落葉樹不僅可以欣賞美麗的楓紅景色，還可遮擋夏季熾熱陽光，並且確保冬季日照，非常適合作為庭園栽種。

闊葉樹的葉形

常綠樹以葉片厚實、顏色深綠的種類占大多數（圖右：東瀛珊瑚）。相較於常綠樹種，落葉樹種的葉片較薄，葉色大多為鮮綠色（圖左：夏山茶）。無論常綠樹或落葉樹，葉形都各式多樣。

針葉樹的葉形

庭園樹木以常綠樹居多。例如有著細長針狀葉的松科（圖右：赤松），或是層疊生長著鱗狀葉的羅漢柏等（圖左：線柏）。

落葉樹的特性

葉片停止生長時期（冬季為主）會轉變為紅葉，進而全數脫落。利用此特性，即可達到烈日照射季節遮擋陽光（圖右），冬季落葉後確保日照（圖左）的理想狀態。

常綠樹的特性

一年四季皆有葉，適合作為綠籬或冬季庭園增色之用（圖右）。常綠樹種的葉片會在一年間陸續替換，有的會長出紅色新芽（圖左），也有轉成紅葉才落葉的種類。

主要樹形類別

珠玉形

適合的樹木 針葉樹

最適合日本扁柏等密生小葉的針葉樹樹形。修剪塑形後宛如大小珠玉層層堆疊而成的傳統樹形。

叢生型

適合的樹木 唐棣、繡球花等

地面上長出多根主幹，充滿份量感的樹形。只要栽種一株作為庭木，看起來就像茂密的小森林。

自然樹形

適合的樹木 大部分種類

單枝主幹筆直生長，枝條維持原本生長方向的培育方法。也是大多數庭木採用的樹形。

球形

適合的樹木 常綠樹

大幅度修剪枝葉成為球狀的樹形。日本傳統樹形之一，適合皋月杜鵑等灌木的塑形方式。

綠籬

適合的樹木 針葉樹、光葉石楠等

圈圍住宅用地範圍似的栽種方式。耐受得住大幅度修剪，之後依然旺盛萌芽的常綠樹最適合栽培成綠籬。

垂枝型

適合的樹木 枝條下垂生長的樹木

樹木中不乏枝條下垂生長的類型，活用其枝態，就能培育出線條流暢的樹形。

草花的特性

了解草花的生長習性，用心仔細栽培。

依照生長週期將植物分類

種子發芽成長，開花結果後枯萎，像這樣生長週期在一年以內的草花，即稱為〈一年生草本植物〉；而播種之後隔年仍會開花結果，在兩年以內枯萎的草花稱為〈二年生草本植物〉。一年生、二年生草本植物都是以種子形態度過休眠期，有些種類需要達到一定的溫度，種子才會發芽。依照播種適期，大致可分成春播與秋播。一、二年生草本植物播種至開花為止的期間比較短，特徵則是可以欣賞的花期較長。

另一方面，植株開花結果之後，整株或根部等一部分依然存活，能夠重複著成長、開花、越冬等生命週期好幾年，這樣的草花就是〈多年生草本植物〉。園藝界將仙人掌、多肉植物、洋蘭、球根植物以外的多年生草本植物統稱為〈宿根草〉。除了播種繁殖之外，多年生草本植物還可透過分株、扦插等方式繁殖增加。

多年生草本的特性

多年生草本植物是根部或整株一直存在不會死亡，長達多年不斷成長的草花。最大優點是會自然地蔓延生長，姿態與人工栽種的植物截然不同。

一年生草本的特性

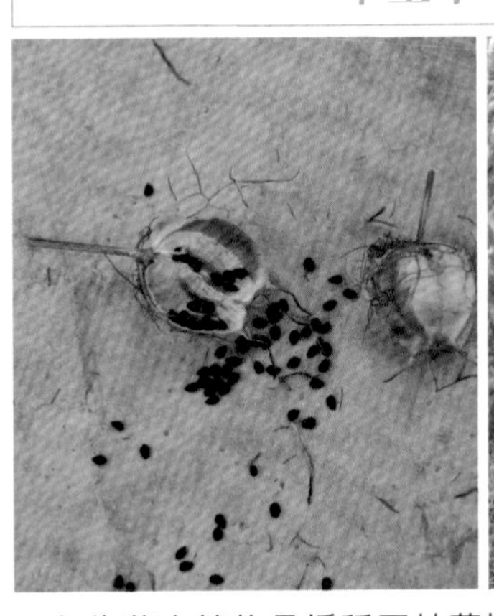

一年生草本植物是播種至枯萎期間在一年以內的草花。其中不乏結出大量種子，掉入土壤後，隔年在相同位置生長繁殖的種類。

多年生草本的運用方式

隨著時間自然增長，營造出生氣蓬勃的庭園。有些植物可能過度蔓延生長，需要摘除不必要部分。

一年生草本的運用方式

不妨將一年生草本植物種在希望開花處，並且可根據該年的規劃替換，選擇要種植的草花。

播種繁殖法

育苗軟盆裝入土壤，稍微壓實後戳出2至4個約種子2～5倍大的穴孔。

一個穴孔播入一粒種子，依植物習性覆蓋土壤，輕輕按壓後充分澆水。

放在適溫環境中管理，發芽成長之後，摘除瘦小幼苗，留下1至3株即可。

栽培直到成為適合庭園定植的大小。

將幼苗定植於適合培育的場所。

健康成長後就會開花結果。

扦插繁殖法

填入土壤至花盆邊緣為止。

扦插之前充分澆水。

從想要繁殖的植株，剪下莖部健壯的枝條作為插穗。

摘除插穗下方葉片，插入土壤。

為了確保濕度，將整個花盆放入塑膠袋。

拉起撐開塑膠袋上方，適度澆水，維護管理一個月左右。

整土&施肥的方法

整土與施肥，對於植物的生長至關重要。良好的土質再加上適當的施肥，植物就會健康地生長。

打造排水性&保水性俱佳的優質土壤

大部分的植物只要種在排水性與保水性良好、透氣性佳、施肥恰當而營養十足的土壤裡就會健康地生長。滿足以上優良條件的土壤中，植物尤其喜愛具有「團粒」結構的土壤。

形成土壤的極小粒子稱為「土粒」，土粒結構的土壤孔隙小而密實，不僅排水性差，透氣性也不好，不適宜植物根部的生長。

多個土粒聚集成團狀的結構稱為「團粒」，無數團粒聚集就會形成鬆軟的團粒結構土壤，團粒中的空隙會儲存滲入的水分。而且團粒與團粒之間會形成較大的孔隙，大大提升排水性與透氣性。

要製造出團粒結構的土壤，就必須在土裡混入堆肥等有機物質，經過充分翻耕整地就很容易團粒化，形成適宜植物生長的團粒結構土壤。因此，栽培植物時，請大量混入有機物質吧！

植物的生長離不開肥料的養分

植物經由根部吸入水分與必要養分後生長。土壤缺乏養分時，必須仰賴肥料補充養分。

植物需要的肥料可大致分成：定植、移植或換盆時事先混入土壤的「基肥」，以及配合植物生長情況追加補充的「追肥」。施用基肥是希望肥料效果持久、緩慢釋放，因此通常使用有機質肥料等，效果慢慢顯露的肥料。追肥則是在植物旺盛生長時期，或使用的基肥逐漸降低效果時期施用，通常使用效果立竿見影的化學肥料。

無論基肥或追肥都要避免施用過量。過度施肥不但容易損傷植物根系，或導致徒長莖葉而不開花。一般來說，除非是生長期間較長的草花，否則庭園地植的植物施用基肥之後，不太需要進行追肥。

山野中的土壤

山野中的土壤富含落葉等有機物質，再加上土壤小動物的活動而自然形成團粒結構。

團粒結構土壤

充分翻耕整土的團粒結構土壤，土質鬆軟，徒手就能夠挖掘栽植穴。

草花用整土方法

1 栽種草花的兩週前，以100～200g/㎡的量均勻撒上石灰。

2 充分翻土混入石灰後，靜置即可。

3 栽種草花的一週前，在翻土過的區域施用2～4kg/㎡的堆肥量。

4 均勻地撒上堆肥。

5 充分翻土，混入堆肥等物質。

6 最後，整平土壤表面即完成。

庭木用整土方法

1 在栽種位置挖掘大約根球2倍大的栽植穴。

2 將土壤與堆肥倒入栽植穴。堆肥施用量約土壤的1/3。

3 倒入100～200g/㎡的石灰量。

4 倒入油粕等有機質肥料。

5 最後倒入化學肥料。亦可只使用堆肥。

6 充分混合土壤與肥料。植樹時，在栽種前進行上述整土步驟即可。

植物一定要澆水嗎？

澆水是栽培植物不可或缺的必要工作。

土壤乾燥時就要充分澆水

植物生長必須要有水分，水分則是經由植物根部吸收。植物生長所需的養分，也是從溶入水中的形式經由植物根部吸收。澆水是植物吸收必要水分與養分不可或缺的工作。

以花盆栽培植物時，因土壤量有限容易乾燥，需要定期澆水。另一方面，地植於庭園的植物，土壤完全乾燥的情形很少見，因此基本上不需要澆水。但夏季長久不下雨等土壤極端乾燥的時期，即使是庭園裡地植的植栽也需要澆水。此外，容易乾燥的土壤或關建在斜坡上的庭園等，土壤容易在連日天晴的狀況下變得乾燥，因此也必須澆水。

重點是必須充分澈底的澆水。只是澆濕土壤表面沒有滲透到下方，根部仍然吸收不到水分。充分澆水才能讓土壤飽含水分。不過，倘若土壤排水不良，使得植物根部一直處於浸水狀態，反而會傷根，這一點必須多加留意。

庭植基本上不需澆水

若庭園土壤具有保水力，即便表面看起來很乾燥，底下的土壤還是含有水分，基本上不太需要澆水。

盆植需要充分澆水

盆栽植物土壤有限，容易乾燥，因此只要土壤表面呈乾燥狀，就需要勤快地澆水。

澆水工具

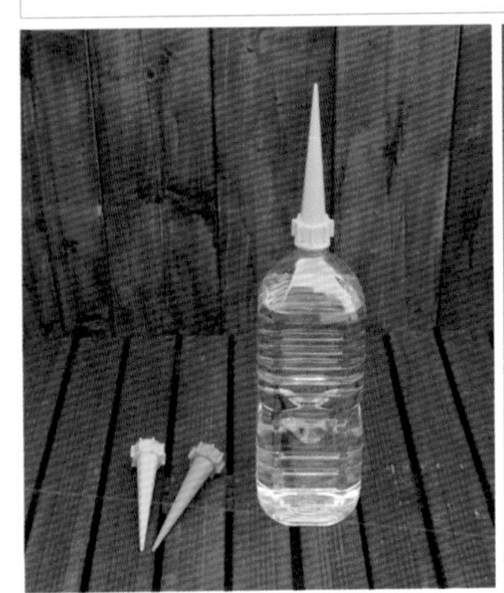

建議選擇可拆式噴頭（俗稱蓮蓬頭）的灑水壺。種植箱（栽培容器）等花槽盆器，選用安裝於寶特瓶上的自動澆水器插入土壤供水，會更加方便。

地植澆水方式

庭木的澆水方式

如同草花的澆水方式，噴頭儘量靠近地面。尤其是栽種不久的小樹苗，更需要留意澆水的位置。

草花的澆水方式

澆水時噴頭儘量靠近地面。由稍遠處開始澆起，一邊澆水一邊靠近植株基部。

植物缺水狀態

植物缺水會顯得垂頭喪氣，尤其是嫩枝或嫩莖之類的柔軟部分。觀察土壤狀態，在植物呈現缺水情況前就充分澆水。

盆植澆水方式

盆底吸水法

土壤太過乾燥的危急狀況，可採用盆底吸水法，讓植物根部由盆底吸入水分。以臉盆等大型容器裝水，將整個盆栽放入，讓植物充分吸水。

輕緩地澆水

水壺的噴頭取下後，出水量較大。鎖定植株基部澆水時，請取下噴頭輕緩地澆水。

澆至盆底出水為止

盆栽的澆水方式是土壤表面乾燥時，充分澆水至盆底出水為止。

栽植要點

栽種花草樹木就是栽植。栽植時要挑選符合庭園風格形象的植物。

綜觀整體形象 周延考量細節後栽植

在庭園裡栽種樹木、草花是基本，大致可分成單植與組合栽種。單獨栽種一株主要植物的方式稱為「單植」。相對地，聚集栽種兩、三種植物的方式稱為「組合栽植」。事實上，庭園也可以想成是由好幾個小型組合栽植構成的大型組合栽植。

無論單植或組合栽植，植物的表、裡概念都至關重要。陽光充足而枝繁葉茂生長的稱為表側，另一邊則稱為裡側。單植時，基本上都是表側朝向正面。但組合栽植時若以表、裡側為基準，就會出現枝條生長方向不一致，缺乏協調美感等情況，因此組合栽種時，必須充分考量粗壯枝條的生長方向再來安排。

安排組合栽種時，為了構成最自然的配置，基本上是以三叢為一組，主要植物作為中心，再依照平面上的位置及高度等，將其他植物配置成不等邊三角形，如此即可構成十分協調的美麗景致。

庭園植栽的基本構成形式大致可分為：直線形、正方形或三角形等，形狀工整的種植帶；以及無特定形狀、自由描畫曲線或帶狀等不固定形狀的種植帶。近年來深受歡迎的自然風庭園，大多是以不固定形狀的栽種區構成，不過，單純採用其中一種栽植形式的庭園很少見，通常都是融合工整與不定形種植帶的混搭組合。

考量栽植方式時，必須先決定庭園的整體形象，再擬定細部計畫。除了思考平面的布局，立體高度的空間也要一併納入規劃。

不止設計感 植栽功能也需列入考量

打造庭園時，通常會基於景觀與美觀的立場來設計規劃，除此之外，還可以進一步考量遮擋外來視線、夏日遮陽等機能性作用。將植栽功能列入考量，就可以列出常綠樹與落葉樹的選擇、預定培育程度、枝條茂盛程度等條件，對於挑選植物種類與配置方式大有幫助。

不定形栽植實例

曲線狀通道兩旁的樹木，栽種成不等邊三角形。

工整栽植的實例

在中央通道的左右兩側平均栽種水亞木（圓錐繡球）。

庭園栽植實例

營造上方空間感

以大谷石鋪設通道，營造出上方開闊的空間感。栽植空間則控制在最小限度。

活用空間

高大樹木底下栽種灌木、草花、地被植物，相互共存於各自的空間層次，構成洋溢自然風情的園景。

多種葉色

葉色各不相同的植栽。灰色圍籬與構成濃淡漸層的綠葉，其中的深紫葉色成為視覺焦點。

雙色玫瑰花拱門

粉紅與白色玫瑰各占一半，競相綻放花朵的拱門。雖然是工整的栽種形式，但拱門下分別種植著不同的植物。

同色系花卉

修長花穗亭亭立於洋甘菊之間，綻放著淺藍與藍紫同色系花朵的大飛燕草組合栽植。整體色彩統一，充滿協調美感。

彩葉植物

以地被植物的綠色草本，襯托深紫與亮黃的彩葉植物。與淡雅內斂白色玫瑰，一同打造出沉穩氛圍。

修剪的目的

依實際需要控制樹高，整理枝葉並且調整樹形。

最基本的整枝修剪 疏剪與截剪

生長於大自然中的樹木，會因為成長環境而展現出其獨有的姿態。但是作為庭園樹木種植之後，假使未妥善地維護管理，枝條恣意生長形成濃密樹蔭，就很容易導致下方半陰處的枝條枯萎、樹下栽種的草木枯死等問題。其次，太茂密的枝葉會造成通風不良，植物罹患疾病與病蟲害的機率也會升高。如此一來，打造庭園的一番苦心都白白浪費了。適度修剪枝條、控制樹高、調整樹形，即可避免問題發生。而這項避免問題發生的重要作業，就是整枝修剪。

最基本的樹木修剪，一是將不要的枝條從基部剪除的「疏剪」，二是將過度生長的枝條剪短以便調整樹形的「截剪」。

疏剪之後，植株內側也能照到陽光，通風情況變好，罹患病蟲害機率自然降低。在適當的長度截剪枝條，還可以促進修剪部位長出健康的枝條。

維護管理的樹木

庭園裡樹高控制在5m左右，經適度修剪，枝葉不會過於茂盛。圖為白樺。

自然生長的樹木

在自然環境中成長，樹高約10m，植株枝繁葉茂盡情舒展。圖為白樺。

疏剪・截剪

1 將植株生長後不必要的枝條，由枝條基部剪除，進行疏剪。

2 疏剪後，再進行調整樹形的截剪，將過長的枝條剪短。

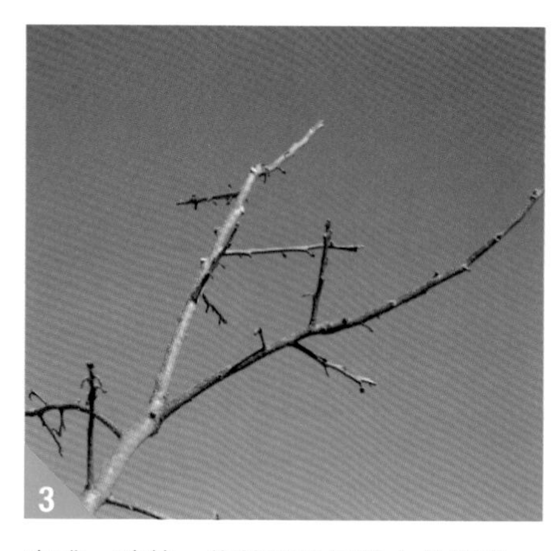

3 完成。疏剪、截剪就是最基本的修剪。

修剪＆未修剪的樹木

經過修剪的樹木

經過整枝修剪的樹木，枝葉適度生長，植株內側也能充分照到陽光，且通風良好。

未經修剪的樹木

樹葉長出後顯得過於茂密，能夠清楚看出通風不良與植株內側得不到光照等情形。

修剪工具的種類&用法

了解修剪必備工具的種類與基本使用方式，樂齡園丁也能以最小勞力&最佳效率完成維護管理作業。

必要的修剪工具共四種

庭園的整枝修剪作業，最少必須準備的工具有：修枝剪、花藝剪、修枝鋸，若有需要可再加上籬笆剪這四種工具。

修枝剪適合修剪直徑2cm以下枝條，是修剪作業中最頻繁使用的工具。市面上有許多廠牌推出各種形式、大小款式的修枝剪可供挑選。才要展開樂齡園藝生活的人，不妨實際拿在手上試試，選一把大小合手、順手好拿，使用起來省力不疲累的修枝剪。

花藝剪多用於修枝剪較難以處理的枝條末端細枝等細部作業。例如整枝修剪最後的修飾階段，或籬笆剪大幅修剪綠籬後的細部修飾階段也會使用花藝剪。

修枝鋸是處理修枝剪無法剪斷的粗枝時不可或缺的工具。市面上可買到方便單手操作、形狀特別，專門設計用於園藝修枝的手鋸。最常見的是刃長約30cm的類型。

籬笆剪是修剪綠籬、樹球等，進行大面積修剪整齊的園藝用大型剪刀。

修剪工具的使用方法非常重要

無論準備了多麼優良的修剪工具，都必須透過正確地使用，才會感受到器具帶來的輕鬆便利。

挑選修枝剪最重要的先決條件是大小合手，服貼順手。最常見的修枝剪規格，是刀尖至握把末端為18～23cm長的大小。一般人使用20cm的尺寸即可，女性或手較小的人使用18cm的修枝剪較為順手。

修枝剪的刀刃部位是由較寬的切刃與較窄的受刃構成，以切刃在上，受刃（窄刃）在下的方式握著修枝剪，下方的受刃緊貼樹枝固定，收緊握把的同時，將切刃（寬刃）下壓剪斷枝條。枝條太粗難以剪斷時，切記不可因此緊握修枝剪左右扭動，企圖剪斷枝條，這樣可能導致刀刃出現缺損。

使用花藝剪時，拇指穿過握柄環，中指、無名指、小指穿過另一側的環柄，食指則是靠在環柄外側。如此就能夠穩定的活動剪刀刀刃，進行修剪作業。細枝以刀尖修剪，粗枝則以刀刃基部的厚刃剪斷，修枝剪也同樣依此原則作業。

修剪粗枝時請使用修枝鋸。雖然可以直接鋸斷一定程度的粗枝，但是若一氣呵成地鋸斷長枝時，中途可能會因為粗枝本身的重量，導致餘下的部分撕裂開來。為了避免發生這種情況，鋸切粗長枝條時要使用三段式修剪法（三刀法），從鋸斷處稍往外移一小段距離，分別在上、下方鋸出切口，向中央鋸切。如此先將長枝鋸斷截短，最後就能在枝條基部鋸切出平整漂亮的切口。

籬笆剪的用法正面反面不一樣

籬笆剪的刀刃與手柄相接處，通常會形成一個角度。手柄與刀刃小於180度的那側朝上使用時，稱為正面模式；大於180度側朝上使用時，稱為背面模式。大幅修剪腰部以下高度或綠籬側面等地方時，需採用正面模式。修剪腰部以上高度或綠籬頂面時，採用背面模式會更容易作業。以背面模式修剪樹球等球狀樹形，輪廓會更加圓潤漂亮。

使用籬笆剪時，雙手分別握住手柄，非慣用手固定不動，只活動慣用手來控制剪刀開闔，進行修剪作業。

工具拿法＆用法①

修枝鋸

園藝用修枝鋸通常單手即可操作。輕輕握住鋸柄，分數次鋸斷粗壯樹枝。

花藝剪

拇指與食指以外的手指穿過環狀握柄握住，花藝剪可用於修剪草本莖枝與木本細枝。

修枝剪

貼合手掌牢牢握住修枝剪（剪定鋏），拇指側固定不動，活動食指側來剪斷較粗的枝條。

工具拿法＆用法②

刀刃的背面使用模式

手柄與刀刃大於180度的背面朝上。適用於修剪腰部以上高度或綠籬頂面。

刀刃的正面使用模式

手柄與刀刃小於180度的正面朝上。適用於修剪腰部以下高度或綠籬側面等。

籬笆剪

握住取得重心平衡的位置。活動刀刃修剪時，非慣用手固定不動，以慣用手來進行剪切作業。

修剪枝條的判斷方法

修剪雜亂生長、影響樹形的枝條，使樹木更加清爽俐落。

疏剪枯枝與不良枝條

整枝修剪時，首先要疏剪枯枝、病枝、斷枝與不良枝（無用枝），保留的枝條則視情況剪短，調整樹形。

不良枝的種類包括立枝、交叉枝、平行枝、逆枝、陰生枝、輪生枝、幹生枝、徒長枝、分蘖枝等。

立枝是筆直向上生長的枝條，容易影響樹形，必須由枝條基部剪除。

交叉枝是與必要枝條交叉生長的枝條，由於交叉部分容易因摩擦導致其他枝幹受損，也會顯得比較雜亂，因此，發現與必要枝條交叉生長的交叉枝時，必須由枝條基部剪除。

平行枝是指兩枝粗細幾乎相同，且並排平行生長的枝條。不僅不美觀，若萌生新芽長成枝條，容易顯得雜亂不堪也影響陽光的攝取。因此在評估樹形結構、枝條健康等平衡後，由基部剪除其中一枝即可。

逆枝又可稱為內向枝，是指朝著主幹向內側生長的枝條。逆枝會干擾其他枝條的生長，也不利樹冠內部的採光及通風，因此必須由基部剪除。

陰生枝又稱懷枝，是生於樹冠中間，多發於枝幹側下方的枝條，容易造成枝葉過密、影響空氣流通，必須由枝條基部剪除。

輪生枝則是在同一處位置長出複數的枝條。不正常的多數分枝會顯得凌亂，造成影響樹形的因素，因而成為疏剪的對象。

幹生枝是由主幹長出的枝條，進行疏剪即可避免植株內部顯得太混雜，但是若考量未來樹形需要該枝條，亦可保留不剪除。

枯枝正如其字面所述，是指已經枯萎的枝條。若無視枯枝不修剪，反而容易變成植物生病的原因，必須由枝條基部剪除。斷裂後開始枯萎的枝條同樣需要疏剪。

徒長枝是恣意生長超出樹形範圍的枝條，容易影響樹形還會搶奪養分，需要修剪。

分蘖枝則是在樹幹基部旺盛生長的枝條，除了創作叢幹樹形、希望改換主幹之外，一律由植株基部剪除。

交叉枝

與必要枝幹交叉生長的枝條。與主幹交叉生長時，易摩擦傷及主幹。

輪生枝

如車輪輻條般，在同一位置長出複數枝條的不良枝。

立枝

筆直向上生長的枝條。容易影響樹形，必須由枝條基部剪除。

主要的不良枝種類

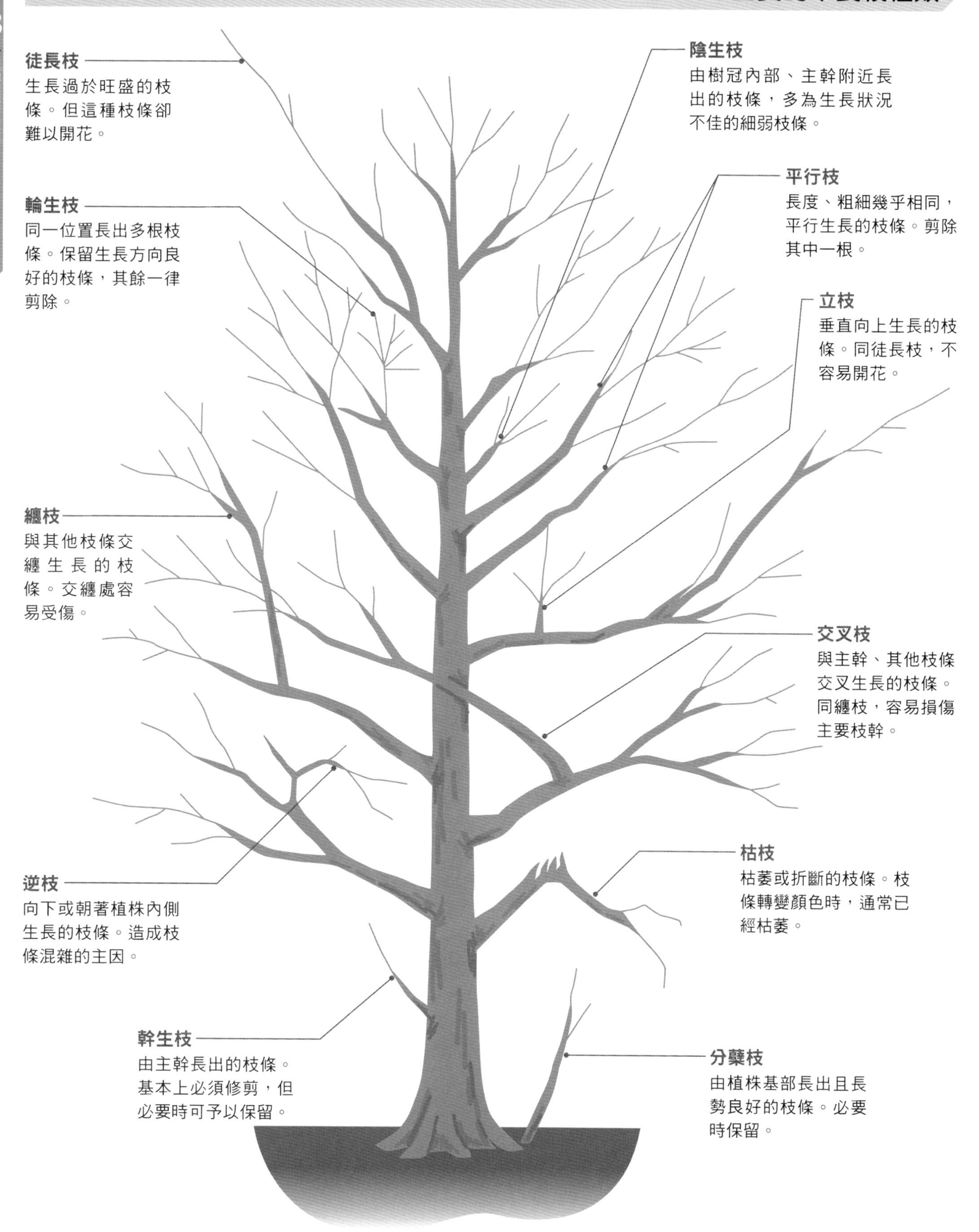
徒長枝
生長過於旺盛的枝條。但這種枝條卻難以開花。
輪生枝
同一位置長出多根枝條。保留生長方向良好的枝條，其餘一律剪除。
纏枝
與其他枝條交纏生長的枝條。交纏處容易受傷。
逆枝
向下或朝著植株內側生長的枝條。造成枝條混雜的主因。
幹生枝
由主幹長出的枝條。基本上必須修剪，但必要時可予以保留。
陰生枝
由樹冠內部、主幹附近長出的枝條，多為生長狀況不佳的細弱枝條。
平行枝
長度、粗細幾乎相同，平行生長的枝條。剪除其中一根。
立枝
垂直向上生長的枝條。同徒長枝，不容易開花。
交叉枝
與主幹、其他枝條交叉生長的枝條。同纏枝，容易損傷主要枝幹。
枯枝
枯萎或折斷的枝條。枝條轉變顏色時，通常已經枯萎。
分蘗枝
由植株基部長出且長勢良好的枝條。必要時保留。

修剪訣竅1

枝條的主要修剪方式為疏剪&截剪兩種。

在枝條基部進行疏剪
在外芽上方進行截剪

疏剪枝條時，基本上不分粗細皆由枝條基部進行剪除。疏剪不澈底，基部還留下一小段枝條的狀況，看起來不美觀之外，也容易造成病原菌由切口處入侵導致枯萎等。

截剪枝條時，則是由新芽上方約0.5cm處剪斷，並且切口必須順著萌芽的方向。修剪位置距離芽太近或太遠，都可能導致新芽未萌發先枯萎。

決定枝條的截剪位置時，必須特別留意芽的萌發方向。新芽可分成內芽與外芽，朝著主幹方向或向上萌發長成枝條的稱為內芽；朝著植株外側方向或向下萌發長成枝條的則稱為外芽。截剪枝條時，基本上是在外芽的上方剪斷。靠近內芽截剪，容易長成不良枝。此外，枝條修剪位置的選擇是植株內側優於外側。原因在於，靠近枝條末端修剪時的切口較醒目，日後也容易朝著植株外側生長，成為影響樹形的因素。

枝條的修剪位置

基本上是在芽上方約0.5cm處剪斷。像圖左在芽上方留下了一小段枝條，可能導致枝條枯萎。

內芽&外芽

朝著主幹方向或向上生長的稱為內芽；朝著植株外側生長的稱為外芽。基本上是在外芽的上方修剪。

粗枝的修剪方法

為免枝條因自身重量斷裂而撕裂開來，先由下往上鋸切1/3深的切口。

在切口上方稍往外移一點的位置，往下鋸切後，折斷枝條。

將餘下部分鋸切平整。

疏剪

粗枝

以修枝鋸鋸掉，盡可能在切口塗抹癒合劑，保護傷口。

分櫱枝

生長狀況不佳的細弱分櫱枝等，皆貼近枝條基部徹底剪除。

不良枝

影響樹形雜亂的枝條，全都由枝條基部進行剪除。

截剪

抑制枝條的生長範圍

過度向上或橫向生長的粗枝等，通常是由分枝處修剪。

截剪無芽枝條

截剪無芽枝條時，由貼近近處枝條的基部進行修剪。

截剪枝條

以調整樹形、促進開花為目的的截剪，通常在芽上方約0.5cm處修剪。

修剪訣竅2

花木的修剪重點是保留花芽。

事先瞭解形成花芽的位置

為了觀賞花朵而進行的修剪，最重要的一點當然是避免剪掉花芽。整枝修剪時若剪掉了花芽，觀賞花木就不會開花。

花芽形成的位置會因花木種類而有所不同。修剪觀賞花木時為了分辨到底哪些枝條可以修剪，哪些不可以修剪，於是將花木概略分成〈枝梢才有花芽〉、〈整枝皆有花芽〉、〈春天萌發的新梢形成花芽後當年開花〉三種類型，如此一來就比較容易理解。

枝梢才有花芽類型的花木，花芽形成後全面修剪枝梢當然就不會開花，此類型的觀賞花木基本上適合進行疏剪。整枝皆有花芽類型的花木，即便修剪枝梢還是會留下相當程度的花芽，因此截剪、疏剪都適合。春天抽長新梢再分化為花芽，並且於當年開花類型的花木，基本上修剪任何部分都不太會影響開花，可以比較自由地修剪。

春天新梢形成花芽

玫瑰（上）與木槿（下），春天抽長的新梢會形成花芽，修剪任何部位都會開花。

整枝皆有花芽

橄欖（上）與桃（下）的花芽是分布在整個枝條上，即使適度修剪還是能夠享受賞花的樂趣。

枝梢才有花芽

藍莓（上）與柿樹（下）都是在枝梢分化出花芽後開花。因此修剪時需留意，所有的枝梢都需保留不修剪。

短枝型花芽

1～2個花芽

日本辛夷（上）、夏山茶（下）會形成1～2個很顯眼的花芽，可一邊確認花芽所在一邊修剪枝條。

難以分辨的花芽

圖中的柿樹是在枝梢形成花芽，但從外觀上難以分辨。

複數花芽

圖中的梅樹短枝上具有複數花芽。花芽成長後，從外觀上就能夠分辨。

調查花芽的類型

開花或結果後，測量枝梢至枝條基部的長度，記錄花芽的位置。

分化成花蕾之後，確認花芽生長範圍。

若葉柄基部生成側芽，則大致記錄掌握大小與位置。

基本修剪

學會基本修剪技巧之後，即可運用於所有樹木的整枝修剪。

疏剪清除枝條 再截剪調整外形

最基本的修剪步驟，首先是清除枯枝與不良枝的疏剪。減少混雜生長部分的枝條數，提升植株內部的日照與通風。接著，稍微與植株拉開距離檢視，如此一邊修剪一邊觀察確認，避免過度修剪出現枝葉顯得太稀疏之處。只是進行疏剪，剪除不良枝，植株就顯得清爽俐落，也更容易掌握整體狀況。

完成疏剪作業後，再進行截剪，視實際需要修短現有枝條，調整形狀。枝條的修剪長度會因為樹木種類、樹木的狀態、希望抑制生長程度的幅度之類，而有所不同。基本上，以周邊枝條長度為準，將過度生長的枝條尾端，剪去該枝條長度的1/3至1/4左右。

至於修剪時期，建議選擇植物休眠期的冬季進行較大幅度的修剪，也就是台灣十一月至隔年二月。一般落葉樹和常綠針葉宜在冬季（落葉後）至早春期間、一般常綠闊葉為春季至萌芽前（三、四月）、熱帶闊葉則是在生長旺盛的夏季修剪。

修剪步驟～常綠樹（山茶花）

1 枝葉生長過密，完全看不見植株內側，因此以疏剪為主。

2 由枝條基部剪除過長的徒長枝。

3 雜亂生長的部分僅保留必要枝條，其餘剪除。

4 以疏剪後能夠看見植株內側三成左右為目標。

5 疏剪後調整植株形狀。由枝條葉緣內側而非外側，修剪超出範圍的枝條。

6 完成修剪。樹冠內側留有空隙，通風與日照效果都大大提升。

修剪步驟～落葉樹（貼梗海棠）

先進行疏剪。貼梗海棠枝條上布滿棘刺，修剪時需小心作業。

首先是根部附近的分蘗枝，由枝條基部剪除。

接著是交纏枝，同樣由枝條基部剪除。

修剪朝著植株中心生長的不良枝。

由下往上依序修剪，清除不良枝。

疏剪後，截剪弱枝與影響樹形的枝條。

保留花芽，在芽上方約0.5cm處修剪。

稍微拉開距離，仔細觀察植株，確認還有哪些枝條需要修剪。

依照心中規畫修剪，矮化至理想高度。

完成。以清除雜亂生長的部分為主，保留花芽，進行修剪。

塑形修剪

大幅度的修剪塑形打造綠籬或樹球等。

控制植株大小的同時修飾整體樹形

塑形修剪是由植株外側伸入剪刀，以控制大小並調整整體樹形為主的修剪方式。像杜鵑花等枝葉細小，修剪後很快又能長出枝葉的灌木，就比較適合進行塑形修剪。而這一類的灌木，還能量身打造成樹球或綠籬等庭園景物。

塑形修剪通常是針對當年長出的新枝。每年都修剪至相同的位置，可以促使修剪面發出新芽。因此即使經過大幅度的塑形修剪，樹木依然能夠維持相同大小與形狀的良好狀態。

進行綠籬的塑形修剪時，側面通常是由下往上修剪。一般而言，植物的特性是下方枝條的發芽能力弱於植株上方的枝條。因此，若由上往下修剪側面，很容易過度修剪下方枝條。由於下方枝條不容易發芽，修剪時需格外留意，以免前功盡棄。側面修剪完成後，將頂部剪成平面狀即可。

塑形修剪的方法～皐月杜鵑

1 枝葉恣意生長的皐月杜鵑，預定塑形修剪成樹球形。

2 首先修剪下方調整形狀，接著大幅度修剪直到看見去年的修剪切口為止。

3 由下往上進行塑形修剪時，運用籬笆剪的背面使用模式（參照P.68），弧度會更加圓滑美麗。

4 修剪植株頂面。越接近植株頂部，突出的枝條越多。

5 整體大致修剪之後，將突出植株外圍輪廓的枝條，自基部剪除。

6 修剪中要時時遠觀植株整體，確認修剪出理想樹形即完成。

Part 4

適合庭園栽種的植物圖鑑102種

特別為六十之後才展開園藝生活的樂齡園丁，
彙整廣受喜愛又容易栽培的植物圖鑑。
不妨從這些具有代表性的植物中挑選，
打造出最能夠展現獨家風格的美麗庭園。

伊呂波紅葉
[落葉喬木]

DATA
樹高 3～4m
花期 4～5月
花色 暗紅色
用途 象徵樹、添景樹

特徵 從新綠至紅葉都賞心悅目，任何類型庭園都適合栽種的代表性庭木。通常以自然枝態培育，形成細密分枝的優美樹姿。

栽培 容易過於高大，而每年抑制樹高的修剪又會促成側枝混雜生長的情況，因此需進行疏剪為主的整枝。修剪需避開嚴寒時期，適合於11月、2月左右進行。

烏岡櫟
[常綠小喬木]

DATA
樹高 3m
花期 4～5月
花色 黃色（雄花）、黃綠色（雌花）
用途 綠籬

特徵 以燒製備長炭的原料而廣為人知，自古就用作薪柴與木炭。枝葉茂盛耐剪，適合培育成庭園綠籬與塑形修剪樹。

栽培 性喜排水良好的環境，耐乾燥。萌芽能力強，適合栽培後修剪成綠籬等。修剪適期大約在6月、10月。

梅樹
[落葉小喬木]

DATA
樹高 2～3m
花期 2～3月
花色 白色、紅色
用途 添景樹

特徵 花朵有著高雅怡人的香氣，果實可加工成酸梅。園藝品種多達300餘種，大致分成賞花的「花梅」與採果的「果梅」兩種。

栽培 性喜陽光充足、排水良好的環境。萌芽能力強，也適合大幅度修剪。適合修剪時期大約在12月至隔年2月，適度保留花芽方能享受賞花、採果的樂趣。

青梻
[落葉喬木]

DATA
樹高 3～4m
花期 5月
花色 白色
用途 象徵樹、添景樹

特徵 日本別名小葉之梣，木材可用於製造球棒。通常培育成叢生型，枝幹柔韌富彈性，葉色青翠充滿清涼感，是雜木庭園的人氣樹種。

栽培 性喜陽光充足的濕潤土壤，修剪時期大約在12月至隔年2月。由於叢生型植栽容易橫向生長，樹冠過度展開時需由枝條基部進行修剪。

赤四手鵝耳櫪
[落葉喬木]

DATA
樹高 3～4m
花期 3～5月
花色 黃褐色（雄花）、紅褐色（雌花）
用途 象徵樹

特徵 初春會冒出紅色新芽，相較於同屬的昌化鵝耳櫪，葉子較小為其特徵。花穗如同日本神社注連繩紙垂（與四手同音）而得名。

栽培 性喜陽光充足、肥沃濕潤的土壤。生長旺盛，因此必須修剪過度生長的枝條抑制樹高。修剪時期大約在2月左右。

昌化鵝耳櫪
[落葉喬木]

DATA
樹高 3～4m
花期 4～5月
花色 黃褐色（雄花）、淺綠色（雌花）
用途 象徵樹、添景樹

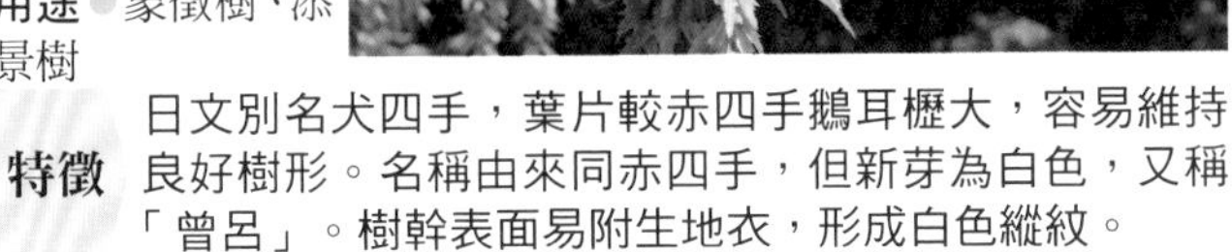

特徵 日文別名犬四手，葉片較赤四手鵝耳櫪大，容易維持良好樹形。名稱由來同赤四手，但新芽為白色，又稱「曾呂」。樹幹表面易附生地衣，形成白色縱紋。

栽培 性喜陽光充足的場所與濕潤土壤。生長旺盛同赤四手鵝耳櫪，必須進行修剪以免長得太高大。適合修剪時期大約在2月左右。

熊四手 鵝耳櫪
[落葉喬木]

DATA

樹高 3m
花期 4月
花色 淺綠色
用途 象徵樹、添景樹

特徵 擁有較赤四手、昌化鵝耳櫪更加平滑的葉形，秋季葉色轉變。萌生葉片的同時開花，接著就會掛滿特徵鮮明的果實，是為庭園景致增添趣味的好選項。

栽培 半日照也能健康生長，性喜排水良好的濕潤環境。適合修剪時期在12月、2月。枝條容易向外擴張，需疏剪不良枝調整樹形。

野茉莉
[落葉小喬木]

DATA

樹高 2～3m
花期 5～6月
花色 白色、粉紅色
用途 添景樹

特徵 廣受喜愛的人氣庭木之一，低垂綻放著白色花朵。另有粉紅花朵的園藝品種。略微深綠的葉色，可使庭園景色顯得更有層次。

栽培 性喜陽光充足、排水良好、略微濕潤的環境。修剪適期為2～3月，由於不喜修剪，適度疏剪不良枝即可。

鐵冬青
[落葉喬木]

DATA

樹高 3m
花期 5～6月
花色 淺綠色
用途 象徵樹、添景樹

特徵 廣泛運用於庭園、公園、行道樹的植栽。葉柄與新枝為綠中帶紫，秋冬期間結出熟透的紅色果實，是野鳥重要的食物來源。

栽培 性喜排水良好的環境，半日照也能健康生長。由於會隨著樹齡而日漸粗壯，必須每年修剪以維持適當大小的樹形。適合於7月左右修剪。

柿樹
[落葉喬木]

DATA

樹高 2～3m
花期 6月
花色 淺黃綠色
用途 象徵樹、添景樹

特徵 自古以來的栽培用果樹，橘色果實為秋天風景增添色彩。不僅果實亮眼，葉子也極具特色，春天的黃綠色新葉與秋季紅葉都美不勝收。

栽培 性喜陽光充足的環境。修剪需避開嚴寒時期，適合於12月至隔年2月進行。

日本金松
[常綠喬木]

DATA

樹高 3m
花期 4～5月
花色 黃色（雄花）、褐色（雌花）
用途 象徵樹、添景樹

特徵 常綠針葉樹，即使不修剪也會呈現優美的圓錐狀樹形。葉子厚實細長，有著清涼感的形象，適合任何類型的庭園。

栽培 性喜肥沃土壤，也耐乾燥環境。放任生長樹形依舊美好。成株高度意外驚人，定期於每年3～4月修剪，以便控制樹高。

連香樹
[落葉喬木]

DATA

樹高 4m
花期 3～5月
花色 紅色
用途 象徵樹

特徵 近年來廣泛用作庭木與行道樹，心形葉為其特徵，秋季會轉變成黃葉。自然狀態容易長成高大樹木，適合培植成庭園象徵樹。

栽培 原生於山谷邊緣等處，性喜高濕環境。修剪需避開嚴冬時期，適合於11月至隔年2月進行。容易長成高大樹木，需每年修剪以抑制樹高。

加拿大唐棣

[落葉小喬木]

DATA

樹高 3～4m
花期 4～5月
花色 白色
用途 象徵樹

特徵 花果都賞心悅目，是近年來的人氣庭木。春天會先綻放白色花朵再長葉，初夏結紅色果實，味道甘甜，可直接食用，亦是野鳥的食物。

栽培 性喜陽光充足，略帶濕氣的土壤。只需疏剪不良枝，微調樹形，即可維持自然姿態。修剪適期為12月至隔年2月。

枹櫟

[落葉喬木]

DATA

樹高 3～4m
花期 4～5月
花色 黃褐色
用途 象徵樹

特徵 可說是雜木林的代表性樹木，適合作為庭園的象徵樹。秋季葉片變色，落葉可處理成腐葉土加以利用。

栽培 性喜肥沃土壤，但不挑剔栽培環境。成株高達數十公尺，需每年修剪以維持適當大小，適合於11～12月、2月進行修剪。

黑櫟

[常綠喬木]

DATA

樹高 3～4m
花期 4～5月
花色 黃褐色（雄花）、褐色（雌花）
用途 綠籬、添景樹

特徵 常綠喬木，自古栽種於屋敷等宅院。亦可培育為綠籬，運用於防風、保護隱私都是絕佳選擇。日式、西式庭園都適合。

栽培 不太挑剔土壤，性喜陽光充足的環境。發芽能力強，適合大幅度修剪塑造樹形。適合於6月、9～10月進行修剪。

日本辛夷

[落葉喬木]

DATA

樹高 3m
花期 3～4月
花色 白色
用途 象徵樹

特徵 春天新葉抽芽之前會先綻放白色花朵，花形與白玉蘭相似，但日本辛夷較早開花。果實形狀如緊握的拳頭，因此日文得名コブシ，同拳字發音。

栽培 性喜略微潮濕的土壤。適合於11月與2月進行修剪，適度疏剪不良枝即可維持自然樹形。容易長成高大樹木，需每年修剪抑制樹高。

刻脈冬青

[常綠小喬木]

DATA

樹高 2～3m
花期 6月
花色 白色
用途 添景樹、象徵樹

特徵 成長緩慢，不需要太費心。枝條纖細，適合栽培成叢生型，充滿著沁涼形象。一到秋天，枝條上就會垂掛著鮮紅果實。

栽培 性喜排水良好的環境。成長緩慢，枝態自然有序，因此只要適度修剪不良枝即可。修剪適期在3～5月、7～8月進行。

紫薇

[落葉小喬木]

DATA

樹高 2～4m
花期 7～9月
花色 粉紅色、白色等
用途 象徵樹、添景樹

特徵 花朵陸續綻放的賞花期長，因此又稱「百日紅」。樹幹平滑有光澤，無花季節也充滿著存在感。

栽培 性喜陽光充足的環境。春天抽梢後開花，不容易維持端整樹形，需修剪粗枝與不良枝。適合於11月至隔年2月進行修剪。

大花四照花
[落葉喬木]

DATA
樹高 3m
花期 4～5月
花色 白色、粉紅色等
用途 象徵樹

特徵 先開花，後長葉。狀似花瓣的部分其實是變形特化葉的苞片，市面上有許多不同花色的園藝品種，中央的球狀部分才是花朵。

栽培 體質強健，比較容易栽培，性喜陽光充足、排水良好的環境。修剪適期為花期結束後的5月，只需疏剪混雜部分，適度整枝即可。

山茶
[常綠小喬木]

DATA
樹高 2m
花期 12～4月
花色 紅色、白色、粉紅色等
用途 象徵樹、添景樹

特徵 身為傳統觀賞花卉，自古就是栽植於茶室庭園等的庭木，亦是最具代表性的開花樹種。葉片厚實有光澤，花色、花形則因品種而不同。

栽培 性喜全日照環境，排水良好、略微乾燥處。適合修剪時期是花季後的4月，修剪不良枝即可維持自然樹形。

日本金縷梅
[落葉小喬木～灌木]

DATA
樹高 1～3m
花期 2～3月
花色 黃色
用途 添景樹

特徵 初春綻放絲縷狀黃花，市面上大多栽培成叢生型。同科屬的中國金縷梅則有橘色花朵的園藝品種。

栽培 性喜陽光充足的環境。不太挑剔土壤，但需避免種植於西曬處。枝條容易混雜生長，需修剪不良枝。修剪適期為12月、2月。

垂絲衛矛
[落葉小喬木]

DATA
樹高 2～3m
花期 5～6月
花色 綠色、紫色
用途 添景樹

特徵 花梗細長，花、果垂吊宛如繫絲於枝條上而得名。廣泛栽植於茶室庭園等，近年興起的雜木庭園、西式庭園也多有栽種。果實成熟裂開之後，會露出橘色種子。

栽培 性喜陽光充足的環境，半日照也能健康生長。修剪不良枝或混雜處的枝條即可維持自然樹形。適合修剪時期為12月、2月。

四照花
[落葉喬木]

DATA
樹高 3～4m
花期 5～6月
花色 白色、粉紅色
用途 象徵樹

特徵 與同屬不同種的大花四照花一樣，看似花瓣的部分，其實是特化葉的苞片，另有粉紅色的園藝品種。秋天開花結果，熟透的紅色果實味道甘甜可食用。

栽培 性喜陽光充足的環境，不挑剔土壤。修剪不良枝維護自然樹形即可。適合於12月、2月進行修剪。

夏山茶
[落葉喬木]

DATA
樹高 3m
花期 6～7月
花色 白色
用途 象徵樹、添景樹

特徵 與山茶同科不同屬的近緣植物，顧名思義會在夏季綻放白色花朵。斑駁樹幹擁有獨特韻味，適合任何形態庭園的庭木之一。秋季可欣賞紅葉。

栽培 性喜陽光充足、排水良好的環境。修剪不良枝或過密枝即可維持自然樹形。適合修剪時期為12月、2月。

矮紫杉
[常綠灌木]

DATA
樹高 0.5～2m
花期 3～4月
花色 淺黃色(雄花)、綠色(雌花)
用途 綠籬、樹球

特徵 細小葉片密生的針葉樹近緣植物。小葉密集於小枝上，容易維護整理，適合大幅度塑形修剪成綠籬或樹球等裝飾來美化庭園。

栽培 不太挑剔栽種環境，半日照也能健康生長。修剪時期為3月、5月、12月。萌芽能力強，通常塑形修剪成球狀，培育成樹球。

東瀛珊瑚
[常綠灌木]

DATA
樹高 1m
花期 3～5月
花色 紫色
用途 添景樹

特徵 原生於林下等蔭蔽環境的耐陰樹木。即使種在庭園北側或喬木下也能順利成長，因此是日蔭處不可或缺的樹種。紅色果實十分醒目，另有果實為黃色或白色的園藝品種。

栽培 在日照條件不佳的環境也能夠生長，性喜高濕土壤不耐旱。適合於1～3月進行修剪，適度剪除不良枝或過密枝即可。

鐵線蓮
[落葉蔓藤]

DATA
樹高 2m以上
花期 因品種而不同
花色 白色、粉紅色等
用途 圍籬、拱型花架等

特徵 花期因品種而不同，大多在4～10月開花。花色、花形、花朵大小豐富多元，是打造美麗庭園不可或缺的蔓藤植物。

栽培 性喜陽光充足、通風良好的環境。有些品種比較不耐暑熱。修剪難度不高，花期後可由植株基部至一半高度進行大幅度修剪。

繡球花
[落葉灌木]

DATA
樹高 0.5～1m
花期 6～7月
花色 紫色、粉紅色等
用途 添景樹

特徵 狀似花朵的部分是葉子變化而成的花萼，會根據土壤酸鹼值轉變顏色。有許多園藝品種，橡葉繡球、喬木繡球「安娜貝爾」等西洋繡球也是同科屬近緣植物。

栽培 性喜半日照的高濕環境，不耐烈日照射。修剪適期為12月、2月、6～7月。花期後進行截剪，可以促使修剪處長出新芽，隔年就會再度開花。

烏樟
(*Lindera umbellata*)
[落葉灌木]

DATA
樹高 2～3m
花期 3～4月
花色 黃綠色
用途 添景樹

特徵 原生於樹林裡，適合雜木庭園或茶室庭園的人氣灌木。春天萌生葉片的同時開花。枝葉具有香氣，枝條用於製作牙籤等。

栽培 性喜全日照至半日照且排水良好的環境。適合於2～3月進行修剪，剪去過密枝即可維持自然樹形。

馬醉木
[常綠灌木]

DATA
樹高 1m
花期 3～4月
花色 白色、粉紅色
用途 添景樹

特徵 簇生於枝梢的壺形花朵成串綻放。細長葉片叢集於枝條末端，是無花季節也能為庭園增添綠意的灌木，適合種在喬木下方營造層次。

栽培 半日照也能健康生長，乾燥環境也很適合。修剪適期在4～5月，剪去過密枝並調整樹形，也經得起大幅度的塑形修剪。

粉花繡線菊
[落葉灌木]

DATA
樹高 0.5m
花期 5～8月
花色 粉紅色、白色等
用途 添景樹

特徵 花色有白色與粉紅色，粉紅花色由深至淺品種多樣，花朵開在叢生形態的枝頭上。與其稱為樹木，不如看作草花好好呵護。

栽培 性喜陽光充足的環境，但半日照也能生長。於花期後進行修剪，隔年就會再度開花，需修剪過密枝以便促進空氣流通。

鵝莓
[落葉灌木]

DATA
樹高 1m
花期 5月
花色 粉紅色
用途 添景樹

特徵 適合培育成高約1m的叢生灌木，又名歐洲醋栗。莖上有刺，果實於7～8月成熟，味道酸甜，可生食，但通常作成果醬等加工食品。

栽培 適合全日照至半日照環境，亦可種在不會西曬的半日照場所。修剪過密枝與老化枝幹的時期在12月、2月。

石楠
[常綠灌木]

DATA
樹高 0.5～2m
花期 4～5月
花色 白色、粉紅色等
用途 添景樹

特徵 園藝品種豐富，可以享受多彩花色的大型、樹型杜鵑花科。目前作為庭木栽種的，多是歐洲地區品種改良的石楠杜鵑。

栽培 性喜無西曬的涼爽高濕環境。適合於3～4月進行修剪。春季會從同一處抽梢數枝，以疏剪保留一枝，即可維持理想樹形。

麻葉繡球
[落葉灌木]

DATA
樹高 0.5m
花期 4～5月
花色 白色
用途 添景樹

特徵 小花團聚的繖形花序狀如小球，散布於枝條上。細瘦的叢生枝幹生長後彎曲橫展或下垂，柔軟枝條與庭園裡筆直生長的樹木形成鮮明對比。

栽培 性喜陽光充足、排水良好的環境，不挑剔土壤。適合於花期後修剪混雜部分，或於冬季修剪老枝。

杜鵑
[落葉・常綠灌木]

DATA
樹高 0.5～1m
花期 4～6月
花色 紅色、粉紅色等
用途 添景樹、樹球

特徵 擁有山杜鵑、三葉杜鵑等種類非常多，園藝品種也豐富多元。適合修剪成各種形狀作為庭園襯景，但自然樹形也美不勝收。

栽培 性喜不太乾燥的全日照至半日照環境。修剪適期為5～6月，可趁花期後修剪塑形。

皐月杜鵑
[常綠灌木]

DATA
樹高 0.5m
花期 5～6月
花色 粉紅色、紅色等
用途 綠籬、樹球

特徵 因盛開花期為日本舊曆五月，而該月別稱「皐月」而得名。廣泛栽種於日式庭園或公園等處，大多作為綠籬或修剪成樹球。

栽培 喜陽光充足的環境，但半日照亦可生長。適合於花期後、9～10月整枝修剪。萌芽能力強，適合塑形修剪成樹球等。

金絲桃
[常綠灌木]

DATA
樹高 0.5～1m
花期 6～7月
花色 黃色
用途 添景樹

特徵 鮮豔的黃色花朵點綴在枝條上。金絲桃、金絲梅等都是金絲桃屬的近緣植物。樹形自然只需剪除不良枝，叢生型植株就會呈現扇形般展開。

栽培 性喜陽光充足的環境，但是不耐夏日西曬。適合於9～11月進行枯枝或過密枝的整枝修剪。

日本吊鐘花
[落葉灌木]

DATA
樹高 0.5～1m
花期 4月
花色 白色、紅色
用途 綠籬等

特徵 春季吊掛著一串串白色壺形花，秋季葉色鮮紅賞心悅目。適合栽培成綠籬或修剪為樹球等。枝葉纖細，充滿沁涼意趣的庭園樹木。

栽培 性喜陽光充足的濕涼環境。萌芽能力強，適合塑形修剪。可於1～2月修剪不良枝，整理樹形。

紫藤
[落葉蔓藤]

DATA
樹高 10m
花期 4～6月
花色 紫色、白色等
用途 花棚、圍籬等

特徵 蝶形花朵成串垂掛如穗，花色以紫色為主，有著高雅馥郁的花香。為纏繞性大型藤本植物，無論是栽培成花棚或花牆都賞心悅目。

栽培 性喜陽光充足的環境，但半日照也能生長。適合於11～12月解開固定線繩，修剪混雜枝葉，重整花架供枝條攀爬。

南天竹
[常綠灌木]

DATA
樹高 1m
花期 5～6月
花色 白色
用途 綠籬、添景樹

特徵 秋冬季掛在枝頭的鮮紅果實十分搶眼，另有白色果實品種。5～6月的白色小花亦別具特色，自古就是妝點庭園日陰處的觀賞樹種。

栽培 性喜半日照的高濕環境。適合於12月、2～3月疏剪過密枝，或將綠籬修剪成統一高度。

藍莓
[落葉灌木]

DATA
樹高 1m
花期 4～6月
花色 白色至粉紅色
用途 添景樹

特徵 果實甜美、春季開花、秋天紅葉，兼具食用與觀賞價值的人氣果樹＆庭木。市售主要品種為南方高叢藍莓與兔眼藍莓，若想提升藍莓結果率，建議混植同系統的兩個以上品種。

栽培 性喜陽光充足、排水良好的環境與酸性土壤。適合於12月、2月疏剪不良枝。調整樹形時別忘了適度保留枝頭的花蕾。

胡枝子
[落葉灌木]

DATA
樹高 1m
花期 7～9月
花色 紫色、白色
用途 添景樹

特徵 日本秋季七草之一，纖細枝條上綴滿紫粉色蝶形花朵。具有毛胡枝子、鐵掃帚等豐富種類，此處是指通稱的胡枝子屬。

栽培 性喜陽光充足、排水良好的環境。12月～翌年3月可進行截剪至距離植株基部約10cm的塑形修剪，5～6月可進行枝條1/2處的截剪。

棣棠花
[落葉灌木]

DATA
樹高 0.5m
花期 4～5月
花色 黃色
用途 添景樹

特徵 自古就是觀賞用的庭園木，鮮黃花色在日本稱為山吹色，因而別稱「山吹」。枝條柔韌曲垂，賞花之外，其柔美枝態亦是觀賞焦點。

栽培 性喜略微潮濕的半日照環境。枝條容易向外擴散，但會自然長成優美樹形。適合於11～12月修剪老枝或影響樹形的不良枝等。

貼梗海棠
[落葉灌木]

DATA
樹高 1m
花期 3～4月
花色 紅色、白色等
用途 添景樹、綠籬

特徵 有紅色、白色等各式品種與花色，據傳是平安時期引進日本，自古就是貼近人們生活的觀賞用庭木。枝條上有刺。

栽培 性喜陽光充足、排水良好的涼爽環境。不易維持樹形，適合於11～12月整枝修剪，調整樹形。若生長旺盛，亦可進行塑形修剪。

珍珠繡線菊
[落葉灌木]

DATA
樹高 0.5m
花期 2～4月
花色 白色
用途 添景樹

特徵 細長彎垂的枝條上開滿密集的白色花朵，宛如柳枝覆著靄靄白雪，因此在日本稱為「雪柳」。小巧葉片與纖細枝條都為庭園增色不少。

栽培 性喜陽光充足、排水良好的環境。即使放任生長依然能夠形成良好樹形，適合於12月、2月修剪過密枝。

日本衛矛
[常綠灌木]

DATA
樹高 1～2m
花期 6～7月
花色 黃綠色
用途 綠籬

特徵 觀葉用庭木，主要作為綠籬與樹球等。革質葉面光澤油亮，亦有不規則分布白斑或黃斑的斑葉園藝品種。冬季的鮮紅果實也具有觀賞價值。

栽培 性喜陽光充足的全日照或半日照環境，萌芽能力強，耐修剪，適合於10月進行綠籬之類的塑形修剪。

連翹
[落葉灌木]

DATA
樹高 1m
花期 3～4月
花色 黃色
用途 添景樹、綠籬

特徵 葉片生長前，枝條上會先開滿鮮黃色花朵。連翹屬包含金鐘花等多個近緣物種，但統稱為連翹。

栽培 性喜陽光充足的濕潤土壤。枝條容易混雜過密，需修剪恣意生長的部分。修剪適期為11～12月。

石月
[常綠蔓藤]

DATA
樹高 3～5m
花期 4～5月
花色 紅白色
用途 圍籬

特徵 秋季會結出狀似木通果的紫色果實，但不會裂開。別名「野木瓜」，種子周邊的果肉可食用。春天的白綠帶紅的花朵也賞心悅目。

栽培 性喜半日照的高濕環境，但全日照亦能生長。適合於6～7月修剪混雜的枝葉，重新固定於圍籬或攀架。

菽草
[多年生草本]

DATA
株高 10～30cm
花期 4～6月
花色 白色、紅色等

特徵 經常作為田野綠肥栽種的植物，又稱白三葉草，不過市面也有許多葉色豐富多彩的庭園用園藝品種。圖為生長著褐色葉的Tint Chocola。

栽培 性喜陽光充足、排水良好的環境。可藉由摘除枝葉，或是先盆植再連盆一起地植，避免大範圍蔓延生長。

筋骨草
[多年生草本]

DATA
株高 10～20cm
花期 5～6月
花色 紫色、藍色等

特徵 園藝品種越來越多，包括葉色帶有深紫或粉紅色等色斑的品種。莖部不會直立抽長，而是匍匐於地面橫向生長。

栽培 耐陰能力強，在高挑草叢或樹蔭下也能順利生長。不耐乾燥，土壤一旦乾燥就需充分澆水。

香雪球
[一年生草本]

DATA
株高 10～15cm
花期 10～4月
花色 白色、粉紅色等

特徵 小花叢集綻放如球，散發甘甜香氣。除了白花之外，亦有粉紅、紫紅、黃色等園藝品種。別名庭薺。

栽培 性喜陽光充足、排水良好的環境。種子掉入土壤即可繁衍，栽培不難。其實是多年生草本植物，但是在日本到了夏季植株就會枯萎，因此視為一年生草本。

蘋果薄荷
[多年生草本]

DATA
株高 30～50cm
花期 5～9月
花色 白色

特徵 薄荷同屬的近緣植物，薄荷香氣中融合著蘋果芬芳。葉色亮綠，可運用於沖泡茶飲等。生長旺盛且具有匍匐性，容易過度蔓延。

栽培 性喜半日照與排水良好的環境，但全日照也能生長。可藉由摘除枝葉，或是先盆植再連盆一起地植，以此來避免過度茂盛。

百里香
[常綠灌木]

DATA
株高 10～15cm
花期 5～6月
花色 粉紅色

特徵 百里香是科屬統稱，實際種類約有400餘種。一般作為料理香草調味用的是「普通百里香」，又名花園百里香。容易分枝，枝條上密生小葉。

栽培 性喜陽光充足、排水良好的環境，但遮蔭處也能良好生長。枝葉過於茂盛時，植株基部的葉片容易枯萎，需適度疏剪以利通風。

斗蓬草
[多年生草本]

DATA
株高 30～50cm
花期 5～6月
花色 黃色

特徵 帶灰的綠葉十分美麗，適合用於襯托庭園其他草花。初夏時期會抽出花莖，開出一簇簇黃色小花。歐美別名為淑女的斗篷（Lady's Mantle）。

栽培 全日照至半日照環境皆適宜生長，性喜濕潤土壤。適合種在通風良好的半日照環境。維護管理訣竅是，花一旦開始凋謝就從基部修剪。

婆婆納
[多年生草本]

DATA
株高 5～100cm
花期 4～11月（依品種不同）
花色 青色、紫色等

特徵 大多綻放藍色為主的美麗花朵。與兔兒尾苗（琉璃虎之尾）同屬的植物，種類非常多元，匍匐生長的品種適合作為地被植物。

栽培 性喜陽光充足與排水良好的環境。另有春、夏、秋季開花的品種，所有品種都必須於花期後剪除枯萎部分，以利通風。

春星韭
[球根植物]

DATA
株高 15～25cm
花期 3～4月
花色 白色、紫色等

特徵 春天綻放白色花朵，花有清香，但葉片損傷卻會散發蔥或韭菜般的氣味，因此又稱花韭。另有黃色花朵的黃花花韭等品種。

栽培 性喜陽光充足、排水良好的環境，半日照亦可生長。體質強健，無須費心照料，可於秋天購入球根或幼苗栽種。

虎耳草
[多年生草本]

DATA
株高 10～25cm
花期 5～7月
花色 白色

特徵 為不耐日曬的植物，在遮蔭處也能順利生長，難能可貴的地被植物。葉面有著銀色脈紋，5～7月會開白色花朵。

栽培 性喜半日照與高濕遮蔭環境。由於不耐乾燥，若一週以上無降雨的高溫乾燥時期，必須充分澆水。

鴨舌癀
[多年生草本]

DATA
株高 5～10cm
花期 5～7月
花色 白色、粉紅色等

特徵 初夏會綻放白色小花。葉片小巧，植株也不高，因此可利用來取代草皮等。別名過江藤、鴨嘴黃。

栽培 性喜陽光充足、排水良好的環境，半日照也能生長。若是不想要大範圍的蔓延生長，可摘除枝葉，或盆植後連盆一起地植。

野草莓
[多年生草本]

DATA
株高 10～30cm
花期 3～7月、9～10月
花色 白色、粉紅色

特徵 野生種草莓，會接二連三地陸續結出小巧鮮紅的果實。果實味道鮮甜，可以直接食用，亦可加工作成果醬等食品。

栽培 性喜陽光充足、通風良好的環境，半日照也能生長。植株基部長出的匍匐莖會不斷蔓延生長。截斷莖條即可控制生長範圍。

老鸛草
[多年生草本]

DATA
株高 10～15cm
花期 5～9月（依品種不同）
花色 粉紅色、白色等

特徵 童氏老鸛草的近緣植物，和天竺葵同科，園藝品種非常多，花色、開花時期、株高都不同。其中以深紫色花朵的黑花老鸛草最受歡迎。

栽培 性喜陽光充足、排水良好、略微乾燥的環境。大部分品種耐寒能力強，但不耐夏季暑熱，適合栽種在無西曬處。

紫錐花
[多年生草本]

DATA
株高 60～80cm
花期 6～9月
花色 白色、紫紅色等

特徵 植株長大之後，莖部易分枝，初夏至秋季花朵爭相綻放。花朵中心突起成球狀，四周圍繞著花瓣，又名松果菊。

栽培 性喜排水良好、陽光充足的環境。體質強健，栽種後每年都會開花。耐暑熱能力強，但濕度太高時植株容易腐爛。

紅脈羊蹄
[多年生草本]

DATA
株高 20～40cm
觀賞期 全年
花色 綠色＋紅褐色

特徵 鮮綠葉面上的紅褐色葉脈格外鮮明耀眼。與西洋香草植物酸模同屬，作為庭園觀賞用植物種植。初夏開花，散落的種子十分容易繁衍。

栽培 喜好陽光充足、排水良好的肥沃土壤。體質強健，耐暑耐寒能力皆強，是容易栽培的彩葉植物。葉片碩大，因此需要細心注意避免太乾燥。

耬斗菜
[多年生草本]

DATA
株高 20～30cm
花期 4～6月
花色 藍紫色、白色等

特徵 原產於日本的深山耬斗菜與其園藝品種，常見品種有西洋耬斗菜等。花形、花色都很獨特，有著5枚花瓣。

栽培 性喜上午陽光充足，下午半日照的環境。邁入冬季後地上部分會枯萎，越冬能力強，不需要防寒措施。

葉薊
[多年生草本]

DATA
株高 120cm
花期 6～8月
花色 白色

特徵 耐寒能力強的大型多年生草本植物，會長出直立修長的穗狀花序，花瓣雪白。花期後紫色的萼片會留在花軸上。深綠色且帶有光澤的碩大葉片伸展如盆。

栽培 體質強健容易栽培，但夏季需避免西曬，適合種在排水、通風良好的環境。花期後直接由花軸基部修剪，春天摘除老葉即可。

洋甘菊
[多年生・一年生草本]

DATA
株高 15～60cm
花期 4～6月
花色 白色

特徵 白色花朵散發蘋果般香氣。以德國為中心是歐洲各國普遍認知的藥用香草。種類有多年生草本的羅馬洋甘菊與一年生草本的德國洋甘菊。

栽培 性喜陽光充足、排水良好的環境。庭園地植必須在整土時混入堆肥等，增加肥沃度。洋甘菊播種適期為春季3月與秋季9月，但以9月為宜。

非洲鳳仙花
[多年生・一年生草本]

DATA
株高 20～30cm
花期 5～10月
花色 白色、桃紅色等

特徵 原產於非洲東部的非洲鳳仙花與其園藝品種。無論花瓣數量還是花色，皆有豐富多變的園藝品種。

栽培 性喜保水能力強的土壤，以及全日照至半日照的環境。原本為多年生草本，但耐寒能力弱，通常會在下霜時期枯萎，因此在日本視為一年生草本。

紫花貓薄荷
[多年生草本]

DATA
株高 30～50cm
花期 5～10月
花色 桃紅色、藍紫色等

特徵 作為觀賞用的香草植物，兼具美麗花朵與香氣的園藝品種。小巧的穗狀花有著薰衣草氛圍，同屬品種十分多元。

栽培 性喜排水良好、陽光充足、通風良好的環境。體質比較強健，生長速度也快，越靠近高冷地區花期越長。梅雨季節等長期下雨的時期，需避免過於悶熱而傷害植株。

薹草
[多年生草本]

DATA
株高 15～100cm
觀賞期 全年
葉色 銅色、黃綠色等

特徵 全世界約有2000種薹草植物，原生於日本的同屬品種也有200餘種。主要作為觀葉植物，葉幅與葉色因品種而各有特色。

栽培 全日照或遮蔭環境都能生長，性喜排水良好的土壤，不耐乾燥。但地植則不太需要澆水，適合分株繁殖。

聖誕玫瑰
[多年生草本]

DATA
株高 30～60cm
花期 2～4月
花色 白色、桃紅色等

特徵 植株無莖，而是分別由根莖部位長出葉柄，抽出花莖。大多為常綠品種，但也有落葉品種。市面上有許多雜交種，花色與花形豐富多彩。

栽培 性喜保水性良好的土壤與半日照環境。體質強健，耐寒、耐雨能力俱佳，病蟲危害少。秋末摘除枯老葉片即可。

桔梗
[多年生草本]

DATA
株高 20～100cm
花期 6～9月
花色 藍紫色、白色等

特徵 日本亦有原生種的秋季七草之一。花蕾像充氣的氣球般膨脹，單瓣星形花朵，另有重瓣品種。

栽培 性喜陽光充足的環境，但不耐暑熱，適合種在樹下等夏季為半日照之處。花期後進行截剪就會再度開花。

彩葉草
[多年生草本]

DATA
株高 30～70cm
花期 4～10月
花色 紅色、黃色等

特徵 作為觀葉植物的草花，可大致分成：播種繁殖的小型品種群（種子系），扦插繁殖的大型品種群（營養系）。近年則是營養系品種較受歡迎。

栽培 性喜陽光充足、通風良好的環境。適合種在夏季為半日照的場所。耐寒能力弱，因此日本園藝視為一年生草本植物。

玉簪
[多年生草本]

DATA
株高 20～100cm
花期 6～7月
花色 淺紫色、白色

特徵 目前已培育出許多園藝品種，葉色、葉姿、葉片大小各有不同，種類豐富，大多當作彩葉植物。會長出高10～30cm的花莖，開穗狀花。

栽培 性喜不會西曬的明亮半日照，不耐高濕環境，但太乾燥時葉片易受損，乾燥時期必須適度澆水。

秋牡丹
[多年生草本]

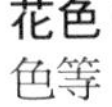

株高 40～100cm
花期 9～11月
花色 白色、桃紅色等

特徵 京都貴船地區野生化的貴船菊，就是原本為秋牡丹的品種，包括類似的數個近緣植物在內，統稱秋牡丹。

栽培 性喜濕氣稍重的土壤，全日照至半日照的環境。不耐高溫乾燥，需避免西曬。栽培重點是花期後勤快地摘除殘花。

鼠尾草
[多年生草本]

DATA
株高 20～200cm
花期 6～11月
花色 紅色、藍色等

特徵 鼠尾草同屬植物多達900餘種，大多數為多年生草本，亦不乏二年生草本或灌木狀品種。圖為多年生的代表性雜交園藝品種「Blue Queen」。

栽培 喜好排水良好、陽光充足的環境。不耐高溫多濕，但是只要排水良好，還是相當耐得住暑熱。花期之後剪除花莖。

龍面花
[多年生草本]

DATA
株高 15～30cm
花期 3～7月、9～12月
花色 藍色、桃紅色等

特徵 具耐寒能力，種在涼爽環境悉心維護，也可能度過炎炎夏日的多年生草本，為一年生草本囊距花的近緣植物。花朵小巧但四季皆可開花。

栽培 喜好陽光充足、排水良好的土壤。建議避開直接淋雨處，以免大雨傾盆有損植株。花期後需大幅度修剪莖部，進行追肥。

毛地黃
[多年生草本]

DATA
株高 60～100cm
花期 5～7月
花色 紫色、白色等

特徵 高大挺拔的花莖上開滿鐘狀花，極具觀賞價值，但全株劇毒。不耐暑熱，一到夏季植株大多枯萎，雖然是多年生草本，但通常視為二年生草本植物。

栽培 性喜陽光充足、排水良好的環境，但需避開強烈西曬。花期後截剪花莖，修剪處下方會再生花莖，再度開花。

白芨
[多年生草本]

DATA
株高 30～40cm
花期 5～6月
花色 紫紅色、白色等

特徵 體質強健、容易栽培的蘭科植物，別稱紫蘭，自古便是庭園觀賞花而為人所知。春天抽長莖部並帶有細長葉片，由葉心生出花莖，綴有數朵可愛小花。

栽培 性喜排水良好的土壤，全日照至半日照的環境。生長旺盛耐乾燥，亦耐夏季暑熱，稍微出現葉燒現象也能健康生長。

秋海棠
[多年生草本]

DATA
株高 40～60cm
花期 8～10月
花色 桃紅色

特徵 江戶時代由中國引進日本的秋海棠同屬植物，目前已在日本各地半野生馴化。初秋開花，花期之後地上部分枯萎，以球根狀態越冬。

栽培 性喜濕氣較重的半日照環境。不耐乾，長期無雨時，庭植秋海棠也必須澆水。配合環境悉心照料，採收零餘子與種子就能夠繁殖。

大理花
[球根植物]

DATA
株高 20～150cm
花期 5～11月
花色 紅色、黃色等

特徵 栽培品種繁多，單瓣型、牡丹型等各種變化花型非常豐富，花朵大小從小輪種至巨大輪種皆有。除綠葉之外，還有葉片為深銅色的品種。

栽培 性喜陽光充足、排水良好的土壤。不耐夏季高溫高濕氣候，因此最好於夏季進行修剪，促進秋季開花。

水仙
[球根植物]

DATA
株高 15～40cm
花期 1～4月
花色 黃色、白色

特徵 品種繁多超過一萬且廣為人知的植物，除原種之外，依照花形、花色、草姿等，分成12個系統。花朵具有香氣。

栽培 性喜排水良好、陽光充足的環境。9～10月種下球根，稍微種深一點。花期後至葉色變黃為止不修剪，將球根培育長大。

山菊
[多年生草本]

DATA
株高 20～50cm
花期 10～12月
花色 黃色、白色等

特徵 生長於沿海崖邊等環境的多年生常綠草本植物。圓形葉片具有光澤。植株隨著地下根莖一起成長，會從中心開出10～30朵菊花狀小花。

栽培 體質非常強健，不挑剔土壤，全日照至半陰環境都能生長。花期後的花莖由基部修剪。

蜂香薄荷
[多年生草本]

DATA
株高 40～100cm
花期 6～9月
花色 紅色、藤紫色等

特徵 又稱美國薄荷，但並非薄荷屬。莖部頂端綻放花色鮮豔的半球狀花朵。品種多元，花色多彩。有著香檸檬般的清新香氣。

栽培 性喜陽光充足、通風與排水良好的環境。不耐暑熱，夏季需避免西曬。花期後從貼近地面處修剪。

翠雀花
[多年生草本]

DATA
株高 80～150cm
花期 4～6月
花色 桃紅色、紫色等

特徵 俗稱大飛燕草，常見品種分為單瓣花朵植株低矮的Sinense系，以及重瓣花朵花穗高大的Elatum系。原本為多年生草本，但園藝多視為一年生草本。

栽培 喜愛陽光充足，排水良好的土壤。耐寒能力強，秋天栽種幼苗。花期後由花莖基部修剪就會再度開花。

齒瓣虎耳草
[多年生草本]

DATA
株高 10～20cm
花期 9～11月
花色 桃紅色、白色等

特徵 原生於溪谷岩石區等，山區高濕半日照環境的野草，小巧可愛的花朵狀似「大」字，培育的園藝品種因而稱為大文字草。葉片厚而柔軟，葉緣呈圓形深裂狀。

栽培 性喜排水、保水性俱佳的土壤與半日照環境。不耐乾燥，夏季必須充分澆水避免乾燥。

亞麻
[多年生・一年生草本]

DATA
株高 60～120cm
花期 6～8月
花色 藍色、白色等

特徵 纖細枝條挺立生長，綻放清新的藍色或白色花朵。園藝方面大多栽種一年生草本亞麻與多年生草本的宿根亞麻。

栽培 體質強健，種在陽光充足、排水良好的環境時，任其生長也能茁壯。宿根亞麻較不耐高溫多濕環境，種植時必須加強排水與通風。

石竹
[多年生草本]

DATA
株高 10～50cm
花期 4～6月
花色 白色、粉紅色等

特徵 擁有許多花色、花形不同的園藝品種，除了俗稱康乃馨的香石竹，通常統稱為石竹，日本又稱撫子。圖為石竹園藝種「Sooty」。

栽培 栽種於陽光充足的環境就容易開花。花謝後依序摘除殘花就會繼續開花。

報春花
[多年生・一年生草本]

DATA
株高 20～40cm
花期 11～4月
花色 紫紅色、白色等

特徵 原產於中國雲南省的多年生草本植物。不耐暑熱難以越夏，通常花期後植株枯萎，因此園藝品種視為一年生草本植物，多是秋天播種，春天賞花。

栽培 性喜陽光充足、排水良好的環境。不耐乾且怕濕，澆水時不可直接淋在植株上，需避開葉面，澆淋土壤。

礬根
[多年生草本]

DATA
株高 30～80cm
觀賞期 全年
葉色 綠色、紅褐色等

特徵 欣賞葉色之美的彩葉植物。雜交品種繁多，葉色變化豐富多元。其中也有數個會綻放漂亮花朵的品種與園藝品種。

栽培 性喜全日照，也有耐陰能力，半日照環境亦可生長。不耐暑熱，夏季需摘除老葉以避免太悶熱。

心葉牛舌草
[多年生草本]

DATA
株高 20～40cm
花期 3～5月
花色 淺藍色、白色

特徵 形似勿忘我的小花，覆蓋般盛開於植株上方。圓潤飽滿的大片心形葉常有斑紋，也作為彩葉植物運用，另有銅葉等品種。

栽培 不耐高溫乾燥，性喜涼爽氣候。適合種在春季陽光充足，夏季有樹蔭的落葉樹下等蔭涼處。

風知草
[多年生草本]

DATA
株高 20～40cm
觀賞期 4～12月
葉色 綠色、黃色等

特徵 細長的葉片會在基部扭轉，呈現正反交錯的模樣。以黃葉綠條斑紋的園藝品種「金裏葉草」，與黃色葉片的園藝品種「黃金風知草」最受歡迎。

栽培 喜好半日照、排水良好的環境。枝條混雜生長時，必須疏剪葉子以利通風，免得植株太悶熱。

錐托澤蘭
[多年生草本]

DATA
株高 40～60cm
花期 8～9月
花色 淺紫色、白色

特徵 莖部頂端綻放薊花狀花朵，歐美別名霧花澤蘭（Mistflower），日文別名西洋藤袴。所謂的花，實際上是聚生的管狀花。

栽培 性喜排水良好的土壤，全日照至半日照都能生長。體質強健耐暑熱，花期後進行截剪就會再度開花。由於會迅速蔓延，初春需拔除多餘植株。

釣鐘柳
[多年生草本]

DATA
株高 60cm
花期 4～9月
花色 紅色、紫色等

特徵 吊鐘形花筒成串如穗著生於莖部頂端。雜交品種繁多，花色富有變化。大多為常綠性，亦可當作庭園的冬季綠葉植物，增添綠意。

栽培 性喜陽光充足、排水良好的環境，但夏季需避開西曬。原本為多年生草本植物，由於不耐夏季高溫多濕、陰雨綿綿的悶熱氣候，難以越夏宿根繼續生長。

燈台草
[多年生草本]

DATA
株高 30～40cm
花期 4～12月
花色 白色

特徵 大戟屬植物多達2000餘種，形態從草本、多肉到灌木皆有。近年來以耐寒能力弱的雪華草「Diamond Frost」、白雪木等品種最富人氣。

栽培 性喜陽光充足、排水良好的環境。體質強健，耐暑熱與耐雨能力俱佳。定期追肥可促進長時間開花。

錦葵
[多年生．二年生草本]

DATA
株高 30～180cm
花期 5～7月
花色 淺紫色、白色

特徵 大多栽培錢錦葵、歐錦葵（Common Mallow）等品種，一般說到錦葵通常是指歐錦葵。雖是強健易栽培的多年生草本，但種植數年後植株容易弱化。

栽培 性喜陽光充足、排水良好的環境。植株高大挺立，若是位於強風吹拂的區域，莖部容易倒伏，因此長高後需要設立支柱。

綿毛水蘇
[多年生草本]

DATA
株高 20～40cm
花期 5～6月
花色 淺紫色、桃紅色

特徵 別名羊耳石蠶，初夏抽出花莖綻放花朵。長著厚實的肉質葉片，表面密布白毛，觸感綿柔，一年四季都可欣賞。葉片具有香氣。

栽培 性喜陽光充足、通風良好的環境，在排水良好的土壤上可以健康生長。有耐寒能力但不耐暑熱，夏季需避免西曬。

葡萄風信子
[球根植物]

DATA
株高 15～20cm
花期 3～4月
花色 藍紫色、白色等

特徵 小巧的壺形花朵密集成穗狀。品種豐富，但大多栽培葡萄風信子、亞美尼亞葡萄風信子等品種，花色因品種而不同，相當多彩。

栽培 喜好陽光充足、排水良好的環境。容易栽培，種在栽培箱或花盆裡也會每年開花。冬季亦可置於室外維護管理。

黑種草
[一年生草本]

DATA
株高 40～80cm
花期 5～6月
花色 藍色、紫紅色等

特徵 看似花瓣的藍色、紫紅色部分，其實是葉片演變而成，真正的花瓣並不顯眼，但重瓣品種的花瓣就十分發達。

栽培 目前普遍種植、廣為人知的是*Nigella damascena L.*黑種草的品種。性喜陽光充足、排水良好的環境，適合栽種於稍微乾燥的環境。

麥仙翁
[一年生草本]

DATA
株高 60～90cm
花期 5～6月
花色 白色、桃紅色

特徵 在歐洲被視為麥田雜草的強健一年生草本。莖部細長，草姿纖細，粉紅色花朵的花心為白色。莖葉表面密布柔細纖毛。

栽培 喜好陽光充足、排水良好的場所。莖部細長且植株高大，風吹容易倒伏，因此要避開強風直吹地帶或設立支柱。

粉蝶花
[一年生草本]

DATA
株高 20cm
花期 4～5月
花色 藍色、深紫色等

特徵 匍匐莖在地面蔓延，欣欣向榮生長，開滿可愛的盤狀小花。花色因品種而不同，有色澤鮮豔的藍色花等。

栽培 本屬在北美地區就分布著10多個種類，但作為園藝花卉普遍栽種的，是*Nemophila menziesi*粉蝶花。性喜陽光充足、排水良好的環境。

大波斯菊
[一年生草本]

DATA
株高 40～110cm
花期 7～11月
花色 桃紅色、白色等

特徵 大波斯菊的近緣品種以中美洲為中心就有20餘種野生種。通常所說的大波斯菊，包含了秋英屬的大波斯菊與其園藝品種。

栽培 原本為夜長晝短形成花芽的植物，秋季以後開花。不挑剔栽種環境，陽光充足、通風良好就可生長。

矢車菊
[一年生草本]

DATA
株高 30～100cm
花期 4～6月
花色 藍色、桃紅色等

特徵 原產於歐洲的一年生草本植物，明治時期傳入日本。有著形似日本風車的矢車狀花朵。原本為單瓣花，園藝品種以重瓣居多。

栽培 性喜陽光充足，通風、排水良好的環境。不耐酸性土壤，需以石灰中和土壤的酸鹼值。種子散落土壤後容易繁衍。

旱金蓮
[一年生草本]

DATA
株高 30～50cm
花期 4～7月、9～10月
花色 紅色、黃色等

特徵 有著荷葉狀的小巧圓形綠葉，另有葉面帶著斑紋的品種，單瓣花或重瓣花皆有。原本為蔓性植物，但市面上流通的多是長不長的品種。

栽培 性喜陽光充足與排水良好的土壤，夏季有半日照的環境亦可生長。過度施肥與澆水，容易造成莖葉旺盛徒長而不開花。

綠庭美學 08
Green garden aesthetics

家有森林浴！樂齡園丁的自然庭園實作提案

作　　者／BOUTIQUE-SHA
譯　　者／林麗秀
發 行 人／詹慶和
責任編輯／蔡毓玲
編　　輯／劉蕙寧・黃璟安・陳姿伶
執行美編／韓欣恬
美術編輯／陳麗娜・周盈汝
出 版 者／噴泉文化館
發 行 者／悅智文化事業有限公司
郵政劃撥帳號／19452608
戶　　名／悅智文化事業有限公司
地　　址／新北市板橋區板新路206號3樓
電　　話／(02) 8952-4078
傳　　真／(02) 8952-4084
電子信箱／elegant.books@msa.hinet.net

2023年02月初版一刷　定價 450 元

Boutique Mook No.1457
60DAI KARANO GARDENING

經銷／易可數位行銷股份有限公司
地址／新北市新店區寶橋路235巷6弄3號5樓
電話／(02) 8911-0825　傳真／(02) 8911-0801

國家圖書館出版品預行編目資料

家有森林浴！樂齡園丁的自然庭園實作提案 / BOUTIQUE-SHA編著；林麗秀譯.
-- 初版. -- 新北市：噴泉文化館出版：悅智文化事業有限公司發行, 2023.02
面；　公分. -- (綠庭美學; 08)
ISBN 978-626-96285-2-0(平裝)

1.CST: 庭園設計 2.CST: 園藝學 3.CST: 栽培

435.72　　111021663

●STAFF
編輯製作／新井大介
設計・DTP／ドット・テトラ（松原 卓）
攝影・圖片協力／田中つとむ　新井大介
攝影協力／安藤造園　帶川陽子　長島敬子　西澤けい子　古川とし子
插　　畫／坂川由美香
執筆協力／田中つとむ